Mohamed Abu El-Regal

Ovos e Larvas de Peixes dos Recifes do Mar Vermelho: Chave para a gestão das pescas

Mohamed Abu El-Regal

Ovos e Larvas de Peixes dos Recifes do Mar Vermelho: Chave para a gestão das pescas

ScienciaScripts

Imprint

Any brand names and product names mentioned in this book are subject to trademark, brand or patent protection and are trademarks or registered trademarks of their respective holders. The use of brand names, product names, common names, trade names, product descriptions etc. even without a particular marking in this work is in no way to be construed to mean that such names may be regarded as unrestricted in respect of trademark and brand protection legislation and could thus be used by anyone.

Cover image: www.ingimage.com

This book is a translation from the original published under ISBN 978-620-2-01634-6.

Publisher:
Sciencia Scripts
is a trademark of
Dodo Books Indian Ocean Ltd. and OmniScriptum S.R.L publishing group

120 High Road, East Finchley, London, N2 9ED, United Kingdom
Str. Armeneasca 28/1, office 1, Chisinau MD-2012, Republic of Moldova, Europe
Printed at: see last page
ISBN: 978-620-7-60761-7

Conteúdo

Agradecimentos

Louvores e agradecimentos a Deus, Senhor do Universo, por cuja graça esta obra foi realizada

O autor deseja agradecer a todos os que participaram na realização deste trabalho

Os meus agradecimentos à minha equipa

Ahmed Samir Abdel Ghany

Aalaa Ahmed Amr

Mohamed Youssef

Mahmoud Maaty

Sara Galal Abbass

Walaa Safwat

Agradecimentos especiais

Um agradecimento especial ao Fundo para o Desenvolvimento da Ciência e da Tecnologia por financiar este trabalho através do projeto "Utilização do ictioplâncton (ovos e larvas de peixe) para a gestão das pescas no Mar Vermelho".

Este trabalho faz parte do projeto ID 5618 intitulado "Utilização do ictioplâncton (ovos e larvas de peixe) para a gestão das pescas no Mar Vermelho, financiado pelo Fundo de Desenvolvimento Científico e Tecnológico (STDF).

Dedicação

A todos os que se preocupam com a proteção do ambiente do Mar Vermelho e acreditam no papel inestimável das fases iniciais do processo de conservação, dedico este trabalho

CAPÍTULO 1. INTRODUÇÃO

Os ovos e as larvas de peixe representam os estádios meroplanctónicos dos peixes que podem ser recolhidos por artes planctónicas e encontram-se principalmente nos 200 metros superiores da coluna de água. Podem ser utilizados para determinar a distribuição geográfica dos peixes (Leis, 1986, Leis e McCormick, 2002) porque têm uma área de distribuição mais alargada do que os seus estádios adultos demersais sedentários dos recifes (Sale, 1980 e 2002). Servem também para estimar a população reprodutora, as épocas de desova e os locais de desova dos peixes comerciais. A determinação da abundância de ovos e larvas numa zona é geralmente menos dispendiosa do que a amostragem dos adultos, uma vez que é possível amostrar várias espécies em vastas áreas com uma simples rede de plâncton. Além disso, as amostras de plâncton contêm não só as larvas de peixe mas também parte das suas potenciais presas e predadores zooplanctónicos (Smith e Richardson, 1977). Embora os peixes de recife adultos do Indo-Pacífico tropical em geral e do Mar Vermelho em particular estejam bem estudados (Botros, 1971; Randall, 1983; Debelius, 1998), sabe-se muito pouco sobre os seus estádios larvares. Não existem estudos anteriores sobre as larvas de peixes de recifes de coral no Mar Vermelho. A literatura que descreve os estádios larvares dos peixes dos recifes de coral é também escassa ou mesmo inexistente devido à dificuldade de identificação (Leis & Rennis, 1983; Houde *et al.,* 1986).

Os problemas associados ao trabalho com larvas podem ser resumidos em taxonomia e amostragem. As larvas de peixes são tão difíceis de identificar que não se tem feito mais trabalho sobre as larvas de peixes. A compreensão da biologia dos peixes não pode ser adequada a menos que a história natural e a ecologia das larvas sejam bem estudadas (Leis & Rennis, 1983). O ciclo de vida dos peixes inclui não só a fase adulta mas também os ovos, as larvas e os juvenis que têm as suas próprias exigências ecológicas que podem ser completamente diferentes das do adulto. A maioria dos estudos sobre a biologia e a gestão das pescas no Mar Vermelho centra-se na fase adulta e ignora outras fases do ciclo de vida, especialmente os ovos e as larvas (Abu El-Regal, 2013). As primeiras fases de vida dos peixes (ovos e larvas) têm tradicionalmente desempenhado um papel importante na gestão das pescas e prometem contribuir significativamente para a suplementação e conservação das unidades populacionais de peixes no futuro. Têm sido utilizadas para estimar o recrutamento e a abundância de adultos e para caraterizar unidades populacionais, a unidade básica de gestão. A biomassa ou a abundância relativa de uma unidade populacional de peixes pode ser estimada a partir da abundância das suas posturas, constituindo assim uma alternativa económica à amostragem das fases adultas ou à utilização de dados dependentes da pesca para estimar a biomassa da unidade populacional.

A determinação da abundância de ovos e larvas numa área é menos dispendiosa do que a amostragem dos adultos. Os dados relativos aos ovos e às larvas podem ser utilizados como forma de monitorizar as tendências da abundância da população adulta e indicar quando as populações estão a diminuir, muitas vezes mais rapidamente do que a monitorização dos adultos. Dado que muitas espécies do mar Vermelho são atualmente exploradas ou mesmo objeto de sobrepesca, devem ser tomadas medidas para proteger as unidades populacionais reprodutoras dessas espécies. Para que estas acções sejam eficazes, devem assentar numa base científica sólida que utilize uma abordagem diferente. Para garantir uma exploração estável e sustentável a longo prazo, é necessária uma nova abordagem de gestão, suficientemente flexível para responder à evolução dos recursos haliêuticos. A nova técnica deve ajudar os gestores a dispor de dados sobre muitas espécies num prazo muito curto. Este objetivo pode ser facilmente alcançado através do estudo das fases iniciais dos peixes, que incluem ovos e larvas, o que permite a amostragem quantitativa de várias espécies em vastas áreas num curto espaço de tempo, com uma simples rede de plâncton manuseada por diferentes tipos de navios, sem grandes instalações de equipamento.

O Mar Vermelho é um mar alongado e estreito, que se estende de norte a sul numa distância de aproximadamente 2.000 km. A largura média é de cerca de 280 km, com uma largura máxima de 306 km no sul (Abu El-Regal, 2008); cobre uma área de cerca de 437 970 km2 com uma profundidade média de 524 m (Morcos, 1970 e Edwards, 1987). A bacia do Mar Vermelho é caracterizada por gradientes biofísicos pronunciados ao longo de uma linha de costa quase linear (Raitsos *et al.,* 2013).

Esta longa e estreita bacia está ligada ao Golfo de Aden e ao Oceano Índico Ocidental pelo estreito de Bab El Mandab, onde um dique, com cerca de 100 m de profundidade, separa duas zonas marinhas mais profundas de ambos os lados, impedindo o intercâmbio da sua fauna batipelágica. Na sua extremidade norte, o Mar Vermelho divide-se em dois braços: o Golfo de Suez, pouco profundo, com 250 km de comprimento e 32 km de largura e 36 m de profundidade, ligado ao Mar Mediterrâneo pelo Canal de Suez, e o Golfo de Aqaba, com 150 km de comprimento e 16 km de largura, com uma profundidade máxima de 1850 m e uma profundidade média de 650 m (Abu El-Regal, 1999, 2008; Morcos, 1970 e Edwards, 1987). A profundidade da soleira do estreito de Tiran, que separa o Golfo de Aqaba do Mar Vermelho, é de cerca de 300 m. O Mar Vermelho contém representantes de todas as principais comunidades marinhas tropicais, exceto os estuários, que não podem receber rios. As comunidades costeiras de mangais, pradarias de ervas marinhas e recifes de coral são muito independentes (Ogden e Glalfelter, 1983). O semi-isolamento do Mar Vermelho em relação ao corpo principal do Oceano Índico pode levar a prever uma elevada proporção de espécies endémicas.

O Mar Vermelho possui uma fauna única devido à sua posição quase isolada perto do oceano Índico. Mais de dez por cento das suas espécies de peixes são endémicas e encontram-se exclusivamente entre o canal do Suez, a norte, e a Porta das Lamentações (Bab-el-Mandab), a sul (Debelius, 2007)

O Mar Vermelho há muito que é reconhecido pelos seus extensos e diversificados sistemas de recifes de coral e pelos seus elevados níveis de endemismo (Di Battista *et al.,* 2013 e Nanninga, 2013). No entanto, a região continua a ser notavelmente pouco estudada em termos de investigação ecológica marinha (Spaet *et al.,* 2012 e Berumen *et al.,* 2013). Uma das primeiras coisas que chamam a atenção de um mergulhador que entra nas águas quentes do recife de coral é a diversidade e a abundância de peixes de recife. Embora todos os organismos nos recifes de coral estejam integrados na sua ecologia global, os peixes estão certamente entre os táxones mais rapidamente observáveis e são uma componente extremamente importante da função global do recife.

Os peixes são o coração dos recifes de coral e constituem um componente dominante da fauna dos recifes (Abu-El-Regal, 2014). Os peixes que habitam os recifes constituem os conjuntos de vertebrados mais diversificados e abundantes que se encontram em qualquer parte do mundo e, certamente, no ecossistema marinho. As assembleias de peixes dos recifes da região do Mar Vermelho são tão variadas como os próprios recifes (Ogden e Gladfelter, 1983; Abu El-Regal e Kadry, 2014).

A vida dos peixes é complexa. Cada uma das quatro fases da vida (ovo, larva, juvenil e adulto maduro) vive frequentemente em ambientes distintos, requer recursos diferentes e passa por processos ecológicos diferentes. (Jaxion Harm, 2010).

A maioria dos organismos marinhos começa a vida como larvas pelágicas e, dependendo da espécie, passa dias a meses no ambiente pelágico (Dixson *et al.,* 2011). Independentemente da duração da larva, o habitat adequado para o adulto deve ser localizado no final da fase larvar. Pensa-se que as larvas em fase de assentamento utilizam uma variedade de sinais de assentamento para localizar um habitat adequado (Steinberg e deNyes 2002; Williamson *et al.*, 2000 e Ben-Tzvi *et al.*, 2010).

As histórias de vida dos peixes de recife têm, resultando em duas fases de vida distintas (Gorka *et al.*, 1997): uma fase larvar pelágica que dura algumas semanas, seguida de uma fase bentónica após o recrutamento (Dufour, 1992; Shima, 2001; McCormick *et al.*, 2002; Lecchini & Galzin, 2003 e Irisson *et al.*, 2004, 2010).

Estas duas fases são completamente diferentes uma da outra em termos de morfologia, tamanho, alimentação e exigências ecológicas. As larvas são formas de transição que habitam frequentemente um nicho totalmente diferente do da forma adulta e estão equipadas com numerosos órgãos temporários e uma forma corporal diferente. A duração da fase pelágica varia entre 9 e mais de 100 dias e o tamanho no assentamento varia entre 8 e 20 mm (Leis, 1991a). No final da fase larvar, podem sofrer uma transformação abrupta para a fase juvenil, nomeadamente se passarem de um habitat pelágico para um demersal, ou a transformação pode ser gradual. Caracteriza-se também pela existência de alguns órgãos embrionários e pelo desenvolvimento de órgãos larvares especiais (pregas finas com vasos respiratórios, brânquias externas, espinhos, apêndices flap e filamentosos) que são posteriormente substituídos por diferentes órgãos definitivos com a mesma função ou que desaparecem com a perda da sua necessidade funcional (Balon, 1975). Faltam-lhes ainda muitos dos órgãos do adulto (barbatanas e escamas).

Vários estudos tentaram associar dados oceanográficos físicos dinâmicos aos parâmetros biológicos envolvidos na dispersão larvar, variando na complexidade do modelo e na escala espacial abrangida (por exemplo, Cowen *et al.*, 2000, 2003, 2006; James *et al.*, 2002; Paris *et al.*, 2005, 2007; Treml *et al.*, 2008; Foster *et al.*, 2012 e Nanninga, 2013).

A retenção é possível através de factores físicos como a ressurgência, as frentes, os remoinhos e os comportamentos larvares activos em contracorrente, como o reconhecimento olfativo e sonoro do recife natal, a atração por recifes com características específicas e a migração vertical descendente (Sponaugle, 2002; Schmitt e Holbrook, 2002; Paris e Cowen, 2004; Simpson *et al.*, 2005; Gerlach *et al.*, 2007 e Jaxion Harm, 2010).

As larvas de peixes de recife de coral, em particular, demonstraram ser capazes de nadar (Stobutzki & Bellwood, 1997; Fisher *et al.*, 2005 e Fisher & Leis, 2009) com capacidades sensoriais que permitem uma orientação ativa na coluna de água (e.g. Leis *et al.*, 1996; Lecchini *et al.*, 2005; Simpson *et al.*, 2005; Montgomery *et al.*, 2006; Dixson *et al.*, 2008 e Irisson *et al.*, 2009). Foi demonstrado que tanto as larvas de peixes de recife como as de corais respondem positivamente às pistas químicas (Dixson *et al.*, 2008 e Gleason *et al.*, 2009) e auditivas (Simpson *et al.*, 2005 e Vermeij *et al.*, 2010) produzidas por potenciais recifes de assentamento. Além disso, as larvas de peixes de recife em fase tardia podem manter uma velocidade de natação sustentada superior ao fluxo médio da água, o que sugere um papel ativo na fixação (Montgomery *et al.*, 2001; Stobutzki 1998; Leis e Carson-Ewart 1999; Fisher e Wilson 2004; Fisher *et al.*, 2005 e Jaxion Harm, 2010).

Existe ainda muito debate sobre a terminologia dos estádios de desenvolvimento dos peixes, embora tenham sido feitas muitas tentativas para estabelecer um sistema universal. Devido à grande diversidade na forma como os peixes se desenvolvem, é improvável que um único sistema de terminologia seja alguma vez aceite (Richardson, 1980). Existem duas escolas de pensamento relativamente ao início do período larvar; de acordo com a primeira escola, o período larvar começa com a eclosão (inclui as larvas do saco vitelino) (Synder, 1976 e Blaxter, 1988), enquanto a segunda escola considera o início da fase larvar quando as larvas começam a (Balon, 1975 e Abu El-Regal, 2008).

O sistema mais aceite e frequentemente utilizado é o de (Ahlstrom *et al.,* 1976 e Moser & Ahlstrom 1970). Neste sistema, a fase larvar começa com a eclosão e termina com a obtenção de todos os caracteres merísticos externos e a perda de todas as especializações temporárias para a vida pelágica (não apenas a obtenção de barbatanas). Isto deve-se ao facto de as larvas de muitos peixes bentónicos terem todas as barbatanas, mas ainda na fase larvar. Além disso, as larvas de muitos peixes de recifes tropicais têm um estágio que se caracteriza por uma especialização morfológica peculiar e temporária para a vida pelágica. Estes estágios possuem escamas e todos os complementos de nadadeiras, mas ainda são marcadamente diferentes dos adultos. É importante mencionar que larva e pelágico não são sinónimos. O estádio larvar divide-se em três segmentos (pré-flexão, flexão e pós-flexão). As larvas de flexão foram identificadas como larvas cujo estádio de desenvolvimento começou com a flexão da notocorda e terminou com os ossos hipurais a assumirem uma posição vertical. As larvas de pós-flexão descrevem o estádio de desenvolvimento desde a formação da barbatana caudal até à obtenção de todos os complementos merísticos externos (raios da barbatana e escamas) (JAMES, 2010). Isso ocorre de acordo com o grau de flexão da notocorda. A flexão é um processo muito importante na vida do peixe. É a curvatura para cima da ponta da notocorda como parte do processo de formação da barbatana caudal. Nas larvas em pré-flexão, a notocorda é reta e paralela ao eixo do corpo e começa a dobrar-se para cima na fase de flexão. Nas larvas pós-flexionadas, a ponta da notocorda é flexionada e vertical em relação ao eixo do corpo. As larvas de flexão foram incluídas nas larvas de pré-flexão. As larvas do saco vitelino podem estar presentes durante qualquer um destes estádios e o assentamento pode ocorrer durante qualquer estádio ou não ocorrer de todo se o adulto for pelágico (Leis & Rennis, 1983 e Abu El-Regal, 2008).

As dificuldades na amostragem de larvas de peixes devem-se a cinco factores: distribuição irregular, raridade, inexistência de uma metodologia de recolha única adequada a todas as idades e fases, distribuição espacial que muda temporalmente e a natureza tridimensional da distribuição. Em comparação com outros zooplâncton, as larvas de peixes do recife são raras, com concentrações de todos os taxa combinados raramente excedendo 5 indivíduos /m^3 exceto em situações específicas e localizadas. Dada a diversidade dos peixes dos recifes, o número de espécies larvares individuais por amostra é geralmente muito baixo, mesmo que sejam amostrados volumes substanciais de águas.

Somerton e Kobayashi, (1989) propuseram um método de recolha de larvas de peixes que considera claramente tanto a extrusão diferencial como a evitação diferencial e que fornece estimativas de variância para a distribuição corrigida da frequência de comprimentos.

Identificação de larvas de peixes de recifes de coral

É óbvio que a identificação das larvas de peixes dos recifes de coral é o primeiro passo para uma investigação significativa sobre as larvas de peixes, quer seja sistemática ou ecológica (Leis e Carson-Ewart, 2002). No entanto, as larvas de peixes de qualquer habitat podem ser difíceis de identificar e numa área tão diversa como o Indo-Pacífico, com cerca de 1000 espécies em 100 famílias (Leis e Goldman, 1987), torna-se extremamente difícil. Foram elaborados alguns guias de identificação para os peixes de recife do Indo-Pacífico (Leis e Rennis, 1983; Leis e Trnski, 1989; Leis e Carson-Ewart, 2002 e Abu El-Regal 1999, 2008, 2009, 2012, 2013 a&b, 2014); a maioria destes guias identifica as larvas ao nível da família.

A utilização das fases iniciais da história de vida dos peixes em estudos sistemáticos e ecológicos tem aumentado nos últimos anos. Reconhece-se atualmente que os ovos e as larvas apresentam uma vasta gama de caracteres adequados para análise sistemática, que são em grande parte independentes dos caracteres dos adultos.

Kendall e Matarese (1994) analisaram as proporções de espécies de peixes para as quais foram publicadas pelo menos ilustrações de ovos e larvas, suficientes para permitir a sua identificação em amostras de plâncton, a nível mundial e por região geográfica. Concluiu-se que, embora os ovos e as larvas da maior parte das espécies possam agora ser identificados nalgumas regiões do mundo, existem lacunas no conhecimento sobre a forma de tirar o máximo partido da utilização de ovos e larvas na investigação sistemática e pesqueira. Afirmaram que a maior parte das larvas recolhidas em amostras de plâncton podem ser identificadas, pelo menos, ao nível da família; contudo, a proporção de espécies cujas larvas são conhecidas varia regionalmente, desde um máximo de 80% no Atlântico nordeste até 10% no Indo-Pacífico (Kendall e Matarese, 1994).

Distribuição das larvas de peixes no recife de coral

A distribuição das larvas de peixes nos recifes de coral tem recebido mais atenção do que qualquer outro aspeto da sua biologia (Leis, 1986; Leis, 1991a; Brogan, 1994 e Watson *et al.*, 2002). Isto deve-se ao facto de a distribuição ser provavelmente o aspeto mais facilmente estudado da fase pelágica, pelo menos no caso das larvas mais pequenas.

Leis, (1986) observou um padrão consistente de distribuição horizontal de larvas de peixes a partir de amostras de plâncton à volta da Ilha Lizard, na Grande Barreira de Coral.

Poucos tipos de larvas foram mais abundantes na lagoa da ilha do Lagarto; todos eles eram larvas pequenas. Quarenta por cento dos 57 tipos de larvas estudados diferem em abundância entre a parte de barlavento e a parte de sotavento da ilha. A maioria dos tipos de larvas velhas foi encontrada em maior abundância a barlavento da ilha do que a sotavento. A maior parte das larvas preferia águas mais profundas durante o dia e deslocava-se para cima durante a noite.

Leis, (1994) verificou, em lagoas de dois atóis do Mar de Coral Ocidental, que a concentração de larvas de peixes oceânicos nas lagoas era de 13-14% da concentração no oceano, enquanto os taxa oceânicos constituíam menos de 1% das larvas capturadas nas lagoas.

Abu El-Regal, (1999) estudou as larvas de peixes de recifes de coral em Sharm El-Sheikh (Golfo de Aqaba-Mar Vermelho). Foram identificadas larvas de 32 famílias, 40 géneros e 25 espécies. Também estudou a abundância e diversidade de larvas de peixes de recifes de coral em Hurghada, (2008), e registou (44) famílias de peixes recolhidas durante o estudo do que as de Aqaba (25) (Froukh, 2001).

A distribuição espacial e temporal das assembleias de peixes larvares costeiros foi estudada ao longo da costa de Portugal. Verificou-se que a diversidade e a abundância total de larvas diminuíam significativamente com o aumento da distância à costa. Os padrões de distribuição obtidos foram independentes do modo de desova das espécies (Borges *et al.*, 2007).

A distribuição espacial das assembleias de peixes larvares foi estudada em alguns locais costeiros e ao largo da costa egípcia do Mar Vermelho, tendo-se verificado que era influenciada pelo comportamento de desova dos adultos, pela hidrografia e topografia do recife, pela duração do período larvar, pelo comportamento das larvas e pelo crescimento e mortalidade das larvas (Cushing, 1990; Leis, 1991a; Leis *et al*, 2006 e Montgo mery *et al.*, 2001), mas não a guilda vertical do adulto (Abu El-Regal, 2008; Abu El-Regal, 2009; Abu El-Regal, 2017).

As diferenças espaciais e sazonais nas larvas de peixe foram identificadas e associadas a factores físicos e biológicos a diferentes escalas (Hernandez-Miranda *et al.* 2003; Landaeta *et al.*, 2008 e James, 2010). Os estudos de distribuição temporal no Mar Vermelho indicaram que as larvas da maioria das espécies (68%) são recolhidas nos meses mais quentes do ano (primavera/verão), de abril a agosto. Poucas espécies foram recolhidas durante o inverno e o outono (Abu El-Regal, 2008; Maaty, 2015; Abu El-Regal, 2017).

Os dados sobre as fases iniciais dos peixes são informativos para a ictiologia, a oceanografia das pescas, a aquicultura e a ecologia em alguns aspectos, tais como a investigação das comunidades de peixes, a identificação das épocas e localidades de desova, a estimativa da biomassa das unidades populacionais, o exame do recrutamento (Demir e Southward, 1974; Reay, 1984; Palomera e Pertierra, 1993; Begg, 2005; Govoni, 2005, Dursun Avsar e Sinan Mavruk, 2011).

Abu El-Regal, (1999) estudou as larvas de peixes de recifes de coral em Sharm El-Sheikh (Golfo de Aqaba-Mar Vermelho). Foram identificadas larvas de 32 famílias, 40 géneros e 25 espécies. A maior abundância de larvas de peixes foi encontrada em agosto (401 larvas/1000m^3) e a menor foi registada em setembro (31 larvas/1000m^3). O estudo foi realizado em três locais em Sharm El-Sheikh: Namma Bay, Sharm El-Moya e Sharm El-Mina. Verificou-se que Sharm El-Moya obteve a maior diversidade, enquanto Naama Bay representou o maior número de larvas de peixe recolhidas.

Abu El-Regal, (2008) estudou a distribuição de larvas de peixes de recife de coral em Hurghada, de acordo com os habitats dos adultos, as larvas de peixes foram divididas em peixes oceânicos e peixes de costa, que por sua vez foram divididos em peixes de recife e peixes não recifais. As larvas de peixes costeiros foram representadas por 61 taxa, pertencentes a 42 famílias, das quais 36 famílias, incluindo 52 taxa, eram peixes de recifes de coral. As larvas de peixes de recife de coral dominaram a coleção, com uma abundância de 431 larvas/1000m^3 , constituindo 72% de todas as larvas recolhidas. As larvas de peixes não recifais formaram 17% de todas as larvas recolhidas, enquanto as larvas de peixes oceânicos foram as menos abundantes, formando 11% de todas as larvas recolhidas.

Abu El-Regal *et al.*, (2008a) estudaram as larvas de peixes de recifes de coral em Hurghada, no Mar Vermelho egípcio, em locais expostos e abrigados, costeiros e ao largo da costa, e registaram que a abundância total de larvas de peixes em todos os locais era de 1993/1000m3. Registaram-se diferenças significativas na abundância de larvas entre locais e meses. O sítio costeiro abrigado (H3) apresentou uma abundância significativamente mais elevada de todos os sítios, enquanto o sítio costeiro exposto de Abu Sadaf teve a abundância mais baixa. Os 10 taxa mais abundantes foram *Atherinomorus lacunosus* (Atherinidae), *Spratelloides delicatulus* (Clupeidae), *Gerres oyena* (Gerreidae), *Hypoatherina temmincki* (Atherinidae), *Petroscirtes mitratus* (Blennidae), *Vinciguerria mabahiss* (Phosichthyidae), *Enneapterygius sp.* (Triptrygiidae), *Mulloides flavolineatus* (Mullidae), *Benthosemapetrotum* (Myctophidae) e Gobiidae, formando cerca de 82,5% de todas as larvas recolhidas. A espécie mais dominante foi *Atherinomorous lacunosus*, contribuindo com 19% de todos os taxa com uma abundância total de 113 larvas/1000m3. As larvas das famílias Siganidae e Soleidae foram as menos abundantes, ambas com 0,23 larvas/1000m^3 .

Abu El-Regal *et al.*, (2008b) estudaram a distribuição de larvas de peixes perto de recifes de coral que pode ser influenciada por factores físicos e biológicos, estudaram o modo de desova dos adultos, o habitat dos adultos e a profundidade dos adultos. Recolheram 1799 larvas representando 63 taxa de 44 famílias pertencentes a 16 ordens. Verificaram que a distribuição das larvas de peixes na zona dependia do modo de desova e não do habitat dos adultos nem da profundidade a que vivem.

Abu El-Regal, (2009) estudou a abundância, a diversidade e a distribuição espacial das larvas recolhidas na baía do Instituto Nacional de Oceanografia (NIOF) em Hurghada, Sharm El-Naga, Abu Dabab e Shalateen ao longo da costa egípcia do Mar Vermelho, tendo registado um total de 312 larvas de peixes, compreendendo 13 famílias, recolhidas nestes locais. O maior número de larvas (156) foi recolhido em Sharm El Naga, enquanto o menor (7 larvas) foi recolhido em Shalateen. O maior número de espécies foi registado na baía NIOF em Hurghada, enquanto o menor foi recolhido em Shalateen.

Abu El-Regal, (2013a) estudou as fases de larva e juvenil da vida de alguns peixes do Mar Vermelho para determinar as épocas de desova, as zonas de desova e as zonas de viveiro de alguns peixes de recife no Mar Vermelho. As larvas foram classificadas em fases de saco vitelino, pré-flexão e pós-flexão e a abundância e distribuição de cada fase foi determinada. Foi recolhido um total de 2453 larvas representando 93 taxa de peixes de recife e o tempo de ocorrência de cada taxa foi usado como indicação das épocas de desova. Trinta e uma espécies, constituindo 33% de todas as espécies estudadas, foram consideradas de importância comercial. Estas espécies foram seguidas para detetar quando e onde desovam e onde se instalam. Os peixes comerciais foram classificados em 5 categorias de acordo com a sua época de desova. A maior parte dos peixes desova nos meses mais quentes do ano (maio a agosto). A maior parte dos peixes de recife desova longe do recife e apenas algumas espécies desovam perto do recife e instalam-se nele ou em mangais ou ervas marinhas. Ele registou que os recifes de coral foram os mais frequentemente utilizados como área de viveiro, onde 12 espécies, formando 38% das espécies estudadas, utilizaram os recifes de coral para se instalarem. Os mangais foram o segundo ecossistema mais frequentemente utilizado, com 10 espécies, representando 32% das espécies estudadas, a utilizarem os mangais para se instalarem. As ervas marinhas e as costas arenosas tiveram quase a mesma importância para as espécies estudadas, com 2 espécies, formando 6% de todas as espécies registadas.

Abu El-Regal, (2013b) estudou a composição da comunidade de peixes de recife numa lagoa costeira em Hurghada, Mar Vermelho, Egipto. Os peixes adultos foram contados através de censos visuais, enquanto as larvas de peixe foram recolhidas com uma rede de plâncton de 0,5 mm de malha. Foram recolhidas 70 espécies de peixes de recife adultos e 41 espécies de peixes larvares. Apenas 16 espécies dos adultos registados tinham as suas larvas, enquanto 26 espécies foram encontradas apenas como larvas.

Pensa-se que as larvas desta espécie são arrastadas pelas correntes de água para os recifes de coral perto da costa. Concluiu que os estádios adultos dos peixes de recife nas zonas costeiras não são totalmente representados por estádios larvares.

Abu El-Regal e Kadry, (2014) estudaram a importância da área de mangue como viveiro para os juvenis de peixes de recife no Mar Vermelho. Foi recolhido um total de 269 peixes juvenis, representando 21 espécies em 19 famílias. As espécies mais abundantes constituíram cerca de 86% de todos os peixes recolhidos. Nove espécies foram recolhidas pela primeira vez em zonas de mangais no Mar Vermelho Egípcio. A maioria dos peixes recolhidos são peixes economicamente importantes. Além disso, onze famílias pertenciam a peixes de recifes de coral. O valor mais elevado de riqueza de espécies foi registado nos mangais de Hamata. Esta descoberta mostrou que os mangais podem suportar a história de vida de muitos peixes de recife de coral.

A literatura existente sobre a taxonomia dos peixes larvares está largamente dispersa e muitas descrições são de qualidade desigual. Os peixes larvares são difíceis de identificar porque os estágios pelágicos dos peixes de recife são morfologicamente diferentes dos adultos. Isto deve-se principalmente a: (1) as larvas de peixes não eclodem completamente desenvolvidas, pelo que a fase larvar é uma fase de desenvolvimento durante a qual muitas estruturas aparecem pela primeira vez ou passam a uma fase funcional, (2) os ovos dos peixes de recife são sempre pequenos, pelo que as larvas eclodidas são pequenas, e (3) as larvas têm características morfológicas que são presumivelmente adaptações para a existência pelágica. Assim, as larvas de peixes são difíceis de identificar em termos de género ou espécie e é por isso que não se tem trabalhado mais sobre as larvas de peixes de recife. O estado caótico da taxonomia dos adultos de muitos peixes dos recifes de coral do Indo-Pacífico é outro obstáculo à identificação das larvas (Leis, 1993).

A investigação sobre as larvas de peixe é bem conhecida por ser uma ferramenta importante para compreender a dinâmica trófica, os processos de recrutamento e as associações entre as flutuações ambientais e a produtividade das unidades populacionais de peixes de importância recreativa, comercial e ecológica (Hunter e Kimbrell, 1980; Houde, 1997 e Miller e Kendall, 2009).

Podem ser utilizados para determinar a distribuição geográfica dos peixes (Leis, 1986 e Leis & McCormick, 2002) porque têm uma área de distribuição mais alargada do que as suas fases adultas demersais sedentárias dos recifes (Sale, 1980 & 2002). Servem também para estimar a população reprodutora, as épocas de desova e as zonas de desova dos peixes comerciais (Abu El-Regal *et al.,* 2008).

Os ovos e as larvas de peixe têm desempenhado um papel importante na gestão das pescas e prometem contribuir significativamente para a suplementação e conservação das unidades populacionais de peixes no futuro. Nos últimos 40 anos, registou-se um crescimento explosivo da investigação sobre o início da vida dos peixes (Rutherford, 2002; Pattira *et al.,* 2012 e Abu El-Regal *et al.,* 2013 a).

A determinação da abundância de ovos e larvas numa área é geralmente menos dispendiosa do que a amostragem dos adultos, porque é possível amostrar várias espécies em áreas vastas com uma simples rede de plâncton. Além disso, as amostras de plâncton contêm não só as larvas de peixe, mas também parte das suas potenciais presas zooplanctónicas e predadores (Smith & Richardson, 1977 e Abu El-Regal *et al.,* 2008).

Apesar da grande importância do estudo das larvas dos peixes dos recifes de coral, o conhecimento da biologia das larvas dos peixes marinhos tropicais fica aquém do das espécies temperadas, e as razões para tal são óbvias. Uma das principais diferenças entre os peixes dos recifes de coral e os peixes de clima temperado é o período de incubação dos ovos. Os ovos pelágicos da maioria dos peixes dos recifes de coral eclodem num dia (Watson e Leis, 1974; Tucker, 1998 e Abu El-Regal, 2008), enquanto os dos peixes temperados duram 3-20 dias (Russell, 1976 e Abu El-Regal, 2008). Uma segunda grande diferença entre as larvas de peixes de recife e as larvas de peixes de clima temperado é o facto de, em qualquer tamanho, as larvas de peixes de recife serem mais desenvolvidas. Em todos os tamanhos, as larvas de peixes de recife têm barbatanas mais completas e formam escamas em tamanhos mais pequenos do que as larvas de peixes de clima temperado (Moser, 1996 e Abu El-Regal, 2008).

O Mar Vermelho apresenta ainda gradientes latitudinais e sazonais pronunciados nos parâmetros físicos e ambientais. Alguns exemplos incluem gradientes norte-sul na temperatura da superfície do mar (verão: 26-32°C; inverno: 20-28°C), salinidade (42-37^) (Raitsos *et al.,* 2011, 2013).

Esta grande diversidade de peixes de recife apresenta desafios em termos de taxonomia e de obtenção de espécimes suficientes por amostra de táxon de interesse para efetuar estudos histológicos, morfométricos ou estatísticos. A diversidade de espécies de peixes de recife apresenta desafios na taxonomia e na obtenção de espécimes suficientes por amostra do táxon de interesse para a realização de estudos histológicos, morfométricos e estatísticos. Isto inclui a duração do período pelágico (2 semanas a 6 meses); o tamanho no assentamento (10 a 200 mm); a especialização morfológica para a vida pelágica; a preferência de habitat das larvas (de muito elevada a muito específica); a tendência de dispersão (de centenas de metros a milhares de quilómetros); e o comportamento de distribuição vertical (Leis e Goldman, 1987). Existem alguns estudos abrangentes sobre taxonomia e desenvolvimento larvar e taxonomia nos peixes costeiros tropicais do Pacífico Ocidental (Leis & Rennis, 1983; Leis & Trnski, 1989 e Leis & Carson-Ewart, 2002).

O Conselho Internacional de Exploração do Mar (CIEM) efectuou muitos estudos sobre o ictioplâncton, com muitos objectivos que vão desde a identificação de ovos e larvas até à determinação da biomassa das unidades populacionais reprodutoras.

A necessidade de melhorar os conhecimentos sobre a mortalidade larvar dos peixes no terreno foi identificada como parte dos termos de referência do Grupo de Trabalho sobre Modelação das Interacções Físico-Biológicas (WGPBI) do CIEM, que sublinhou a necessidade de melhorar a compreensão da ecologia das fases iniciais da vida dos peixes (Gallego et al., 2007)

O índice de abundância larvar obtido pelos estudos do ictioplâncton demonstrou fornecer uma estimativa fiável da biomassa da sardinha, do biqueirão e da cavala do Pacífico (Dransfeld, 2005).

A gestão das pescas com base no ecossistema na Baía de Bengala estudou o ictioplâncton e as condições físicas e químicas como uma parte importante do programa em 2010. A amostragem de ovos e larvas de saco vitelino dá uma boa ideia sobre as zonas de desova das espécies-alvo, ao passo que a presença e a abundância de larvas maiores são um bom indicador do local onde esta espécie se instala. Maaty (2015) estudou a importância das zonas de assentamento e das zonas de viveiro em Hurghada e a conetividade entre os diferentes habitats.

A comunidade larvar de peixes de recife de coral no Mar Vermelho foi estudada em locais costeiros e ao largo da costa para determinar os efeitos da exposição a ondas e correntes e a distância da costa na estruturação da comunidade larvar de peixes (Abu El-Regal, 2017).

A amostragem de plâncton em locais costeiros e ao largo e nos lados expostos e abrigados dos recifes resultou na recolha de 2048 larvas representando 49 taxa de peixes diferentes pertencentes a 11 ordens e 36 famílias de peixes. A densidade global de larvas de peixes em todos os locais foi calculada como o número de larvas em 1000m-3 e verificou-se uma diferença significativa na densidade de larvas entre locais e entre meses. A maioria das larvas foi recolhida nos meses mais quentes do ano, de maio a agosto.

CAPÍTULO 2. MATERIAL E MÉTODOS

Este estudo foi realizado em Hurghada, na costa egípcia do Mar Vermelho, em quatro estações com 13 transectos, representando quatro habitats: recifes de coral, ervas marinhas, lagoas pouco profundas e áreas de águas abertas, onde se estudou a presença, abundância e distribuição de larvas de peixe.

Quadro 1. Locais, transectos, código e coordenadas dos locais de amostragem

Local	Transecto	Código	Lat (N)	Longo(E)
Marina	MAR	MAR	27°13'31.06"	33°50'34.70"
	MAR 1	MAR1	27°13'32.07"	33°50'55.46"
	MAR 2	MAR2	27°13'33.53"	33°51'12.26"
	MAR 3	MAR3	27°13'34.51"	33°51'28.09"
Sheraton	SHR	SHR	27°11'43.80"	33°50'35.79"
	SHR1 1	SHR1	27°11'28.41"	33°50'47.93"
	SHR 2	SHR2	27°11'9.26"	33°51'4.73"
	SHR 3	SHR3	27°10'47.94"	33°51'23.54"
	SHR 4	SHR4	27°10'27.19"	33°51'43.21"
Magawish	GAM	GAM	27° 8'35.30"	33°49'54.63"
	MAG 1	MAG1	27° 8'35.69"	33°50'5.09"
	MAG 2	MAG2	27° 8'36.23"	33°50'14.69"
	MAG 3	MAG3	27° 8'37.14"	33°50'26.01"
Arábia	ARB	ARB	27°14'30.49"	33°50'52.45"
	ARB 1	ARB1	27°14'36.25"	33°51'23.50"
	ARB 2	ARB2	27°14'42.01"	33°51'55.65"
	ARB 3	ARB3	27°14'46.71"	33°52'28.53"

Amostragem e conservação:

Os parâmetros ambientais de temperatura, salinidade, pH e oxigénio dissolvido foram medidos simultaneamente utilizando o dispositivo Multi-probe (Aquaread AP 5000). A salinidade foi expressa em unidades práticas de salinidade e o oxigénio dissolvido foi expresso em miligramas por litro (mg/l). As amostras de ictioplâncton foram recolhidas mensalmente durante o período de agosto de 2014 a julho de 2015, utilizando uma rede de plâncton com uma malhagem de 150μ, 350μ e 500μ.

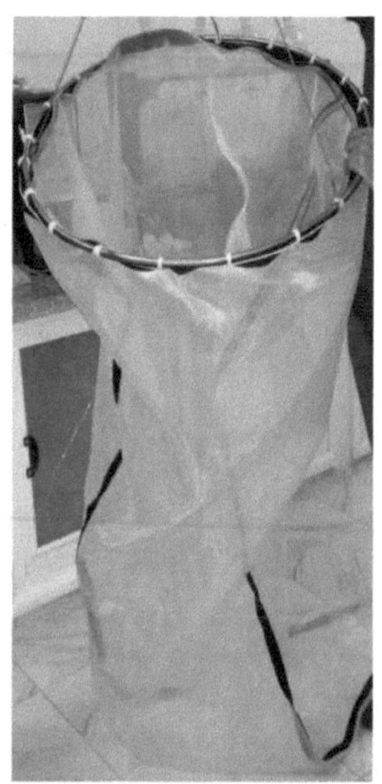

Figura 1. Redes de plâncton utilizadas para recolher ovos e larvas do Mar Vermelho

A rede estava equipada com um medidor de caudal para calcular o volume de água filtrada. O volume de água filtrada foi calculado a partir da seguinte equação:

$$V = \pi\, r^2\, df$$

Em que V é o volume de água filtrada, $\pi\, r^2$ é a área da boca da rede em m^2, d é a distância cortada pelo navio em metros e f é o coeficiente de filtração. O coeficiente de filtração pode ser calculado dividindo a leitura do caudalímetro com o balde pela leitura sem o balde. Quando o valor do coeficiente de filtragem se aproxima de 1, a rede tem uma eficiência de filtragem elevada.

A rede foi rebocada horizontalmente, paralelamente ao recife e a cerca de 10-50 m de distância da borda do recife, durante 5-10 minutos, dependendo do vento predominante, com uma velocidade de reboque de 1,5 a 2,5 nós. As amostras foram recolhidas de manhã cedo e à tarde, pouco antes do pôr do sol, para evitar a distribuição vertical das larvas de peixe. As amostras de plâncton foram depois conservadas a bordo em solução de formalina a 5% tamponada em água do mar, para posterior exame em laboratório (Fig. 4 a, b).

Figura 2. Recolha e preservação de amostras de plâncton

Figura 3. Amostragem, conservação e equipa de trabalho

Trabalhos laboratoriais:

Contagem de ovos.

Os estudos sobre ovos e larvas são uma parte vital da cartografia destas zonas de desova e contribuem para as decisões de gestão das pescas. Os estudos sobre os ovos podem também dar-nos uma indicação do estado da população reprodutora na área de estudo. A maioria das espécies de peixes marinhos nas águas de Hurghada tem ovos pelágicos, o que significa que flutuam na coluna de água como plâncton, cujos ovos se fixam ao substrato no fundo do mar, corais e rochas. Em geral, os ovos dos peixes são transparentes e de forma redonda.

Os ovos de peixe que foram preservados em solução de formalina foram contados sob estereomicroscópio Optika Vision Lite 2.1 usando uma célula de contagem de zooplâncton (Fig. 5). A abundância de ovos foi expressa como o número de ovos em 1000m3 com base na seguinte equação:

A=N/V

Onde A é a densidade dos ovos de peixe; N é o número de ovos de peixe recolhidos; V é o volume de água filtrada

Seleção de larvas de peixe:

O objetivo desta fase é separar as larvas de peixe dos outros grupos de plâncton. Para efeitos de triagem, a solução de formalina foi drenada e as amostras foram separadas num meio de água doce ou numa solução de formalina muito fraca, numa pequena placa de Petri, sob estereomicroscópio, tendo as larvas sido recolhidas com pequenas pipetas e pinças finas de aço inoxidável. O processo de triagem foi efectuado em microscópio estereomicroscópio SZ Olympus (Fig. 6).

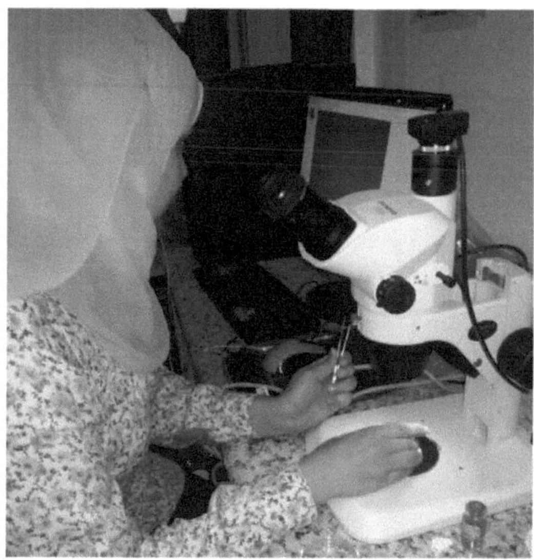

Figura 4. Microscópio Olympus equipado com câmara utilizado para a triagem de ovos e larvas de peixes

As larvas seleccionadas foram separadas nas suas respectivas famílias e identificadas com a maior separação taxonómica possível (Leis e Rennis, 1983; Abu El-Regal, 1999; Leis e Carson-Ewart, 2002; Abu El-Regal, 2008 e Mohamed Abu El-Regal *et al.*, 2014) (Fig.7). As larvas foram fotografadas num estereomicroscópio Olympus equipado com uma câmara Olympus.

A identificação das larvas baseou-se na literatura e na experiência de outros cientistas. O processo de identificação baseou-se principalmente em (Leis e Rennis, 1983; Moser, 1984, 1996; Houde *et al.*, 1986; Froukh, 2001; Leis e CarsonEwart, 2002; Richards, 2005; Abu El-Regal, 1999; 2008, 2009, 2012) e noutros trabalhos dispersos para a identificação de espécies que serão listados nas referências.

As larvas seleccionadas foram separadas nas respectivas famílias e identificadas até ao taxon mais baixo, tendo as larvas de cada taxon sido enumeradas e depois medidas ao microscópio.

A abundância de larvas de peixe foi expressa como o número de larvas em $1000m^3$ com base na seguinte equação:

A=N/V

Onde A é a abundância de larvas de peixe; N é o número de larvas de peixe recolhidas; V é o volume de água filtrada.

As larvas foram divididas em pré-flexão, flexão e pós-flexão de acordo com o grau de flexão da notocorda (Fig. 8).

Larvas de pré-flexão: Estágio de desenvolvimento que começa na eclosão das larvas e termina no início da flexão ascendente da notocorda.

Larvas de flexão: é a curvatura para cima da ponta da notocorda como parte do processo de formação da barbatana caudal, e é um processo muito importante na vida do peixe.

Larvas pós-flexionadas: têm a ponta da notocorda flexionada e vertical em relação ao eixo do corpo.

A presença de ovos, larvas de saço vitelino e larvas de pré flexão é utilizada como indicação das épocas de desova e dos locais de desova das espécies-alvo. Por outro lado, a presença de larvas pós-flexionais pode ser utilizada como indicação da fixação das larvas na zona de reprodução.

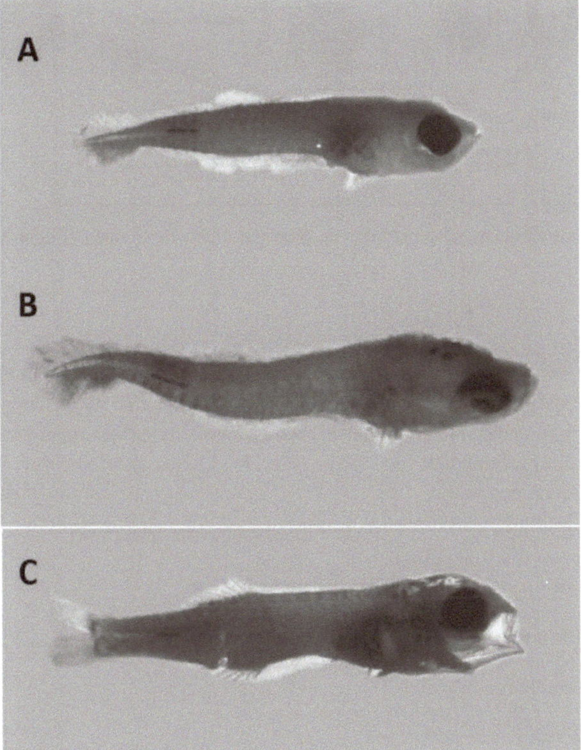

Figura 5. Desenvolvimento dos estádios de pré-flexão (a), flexão (b) e pós-flexão (c) das larvas de mullídeos (Foto de Mohamed Abu El-Regal).

As medidas foram expressas como proporções do comprimento do corpo. Algumas medições foram efectuadas por rotina; outras foram efectuadas sempre que necessário. Todas as medidas foram arredondadas para os 0,1 mm mais próximos. Em seguida, as larvas foram colocadas em frascos etiquetados separados e conservadas em etanol a 70%.

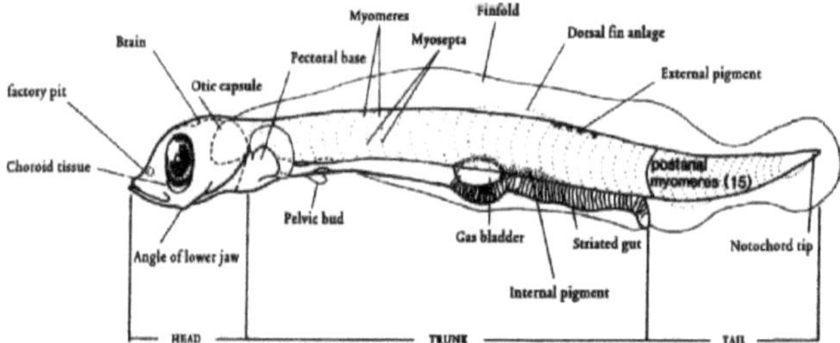

Figura 6. A morfologia geral e as morfometrias de uma larva pré-flexionada (Segundo Leis & Rennis, 1983).

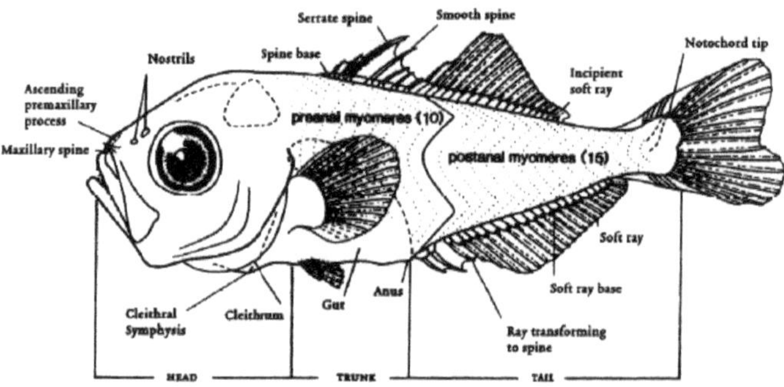

Figura 7. Anatomia externa geral e medidas de uma larva pós-flexionada (Segundo Leis & Rennis, 1983).

Caracteres utilizados na descrição das larvas:

Morfometrias:

As larvas foram medidas num microscópio binocular equipado com ocular com uma precisão de 0,1 mm. As morfometrias medidas por rotina incluíram: comprimento total, comprimento padrão, comprimento pré-anal, comprimento predorsal, comprimento da cabeça, comprimento do focinho, diâmetro do olho e profundidade do corpo (Fig.11). Outras morfometrias foram efectuadas ocasionalmente, quando necessário.

BL: Comprimento do corpo

PAL: Comprimento pré-anal (mm)

ED: Diâmetro do olho

P1: barbatana peitoral

BD: Profundidade do corpo

P2: Barbatana pélvica

HL: Comprimento da cabeça

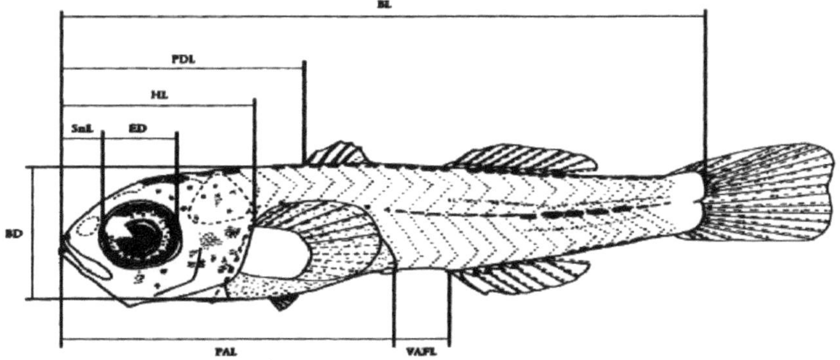

Figura 8. A morfometria de rotina em larvas de peixes (Lein & Ronin, 1993).

Forma do corpo:

As seguintes categorias (Leis e Carson-Ewart, 2002), que relacionam a profundidade do corpo (BD) com o comprimento do corpo (BL) que se refere ao comprimento padrão (SL) na pós-flexão. Larvas e o comprimento total (TL) nas larvas de pré-flexão, foram usados na descrição.

Muito alongado	Alongar	Moderado	Profundo	Muito profundo
BD<10%BL	BD=10-20% BL	BD=20-40% BL	BD=40-70% BL	BD>70% BL

Cabeça:

O comprimento da cabeça (HL) estava relacionado com o comprimento do corpo (BL).

Cabeça pequena	Cabeça moderada	Cabeça grande
HL<20%BL	HL=20- 30%BL	HL>33%BL

3.2.1.4. Olho:

O olho (ED) estava relacionado com o comprimento da cabeça (HL).

Olho pequeno	Olho moderado	Olho grande
ED <25%HL	ED =25-33%HL	ED >33%HL

3.2.1.5. Pança:

O comprimento do intestino está relacionado com o comprimento do corpo e foi classificado da seguinte forma

Tripa curta	Intestino moderado	Intestino comprido	Muito longo
PAL <30%BL	PAL =30-50%BL	PAL=50-70%BL	PAL >70%BL

As diferentes secções funcionais do intestino podem ser visivelmente discerníveis em larvas em crescimento e foram utilizadas como caracteres de identificação, por exemplo, uma parte do intestino pode ser estriada, dobrada ou enrolada em anéis, aumentando assim o seu comprimento sem aumentar o comprimento do corpo. O momento da dobragem e a sua extensão são específicos da espécie e, por conseguinte, caracteres taxonómicos úteis.

Pigmento:

Apenas os pigmentos preto e castanho (melanina) foram utilizados para descrever e identificar as larvas, uma vez que os outros pigmentos desaparecem após a conservação em formalina. A posição, a forma e o número de melanóforos foram úteis para separar as larvas em géneros e, por vezes, em espécies

Espinhaço da cabeça:

Os espinhos da cabeça são designados de acordo com o osso a partir do qual surgem (Fig. 12), o seu tipo, tamanho, forma, número, ornamentação e sequência de desenvolvimento. Este carácter ajuda a identificar as larvas ao nível da família ou mais além (Neira *et al.,* 1998).

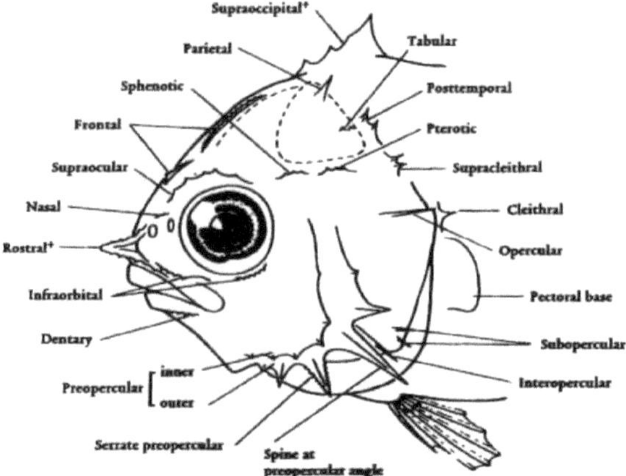

Figura 9. Cabeça de larva pós-flexionada, mostrando as diferentes espinhações da cabeça (Leis &Rennis, 1983).

Formação de barbatanas:

As características das barbatanas são caracteres-chave utilizados na identificação das fases larvares mais antigas dos peixes. Contagem dos raios das barbatanas dorsal (D), peitoral (P1), pélvica (P2), anal (A) e caudal principal (C); são utilizados os raios da barbatana caudal suportados pelos ossos e espinhos hipurais e parahipurais. Nas larvas em desenvolvimento, os espinhos e os raios das barbatanas ou mesmo as barbatanas inteiras podem tornar-se muito longos ou ornamentados de forma específica para cada táxon, pelo que se tornam bastante úteis para a identificação.

A merística (quando completamente formada) foi uma das características mais importantes que ajudam a caraterizar as larvas. As merísticas incluem o número de diferentes elementos da barbatana encontrados nos peixes e quase todas as merísticas foram derivadas da literatura, porque a maioria das larvas recolhidas carece de alguns dos elementos da barbatana em tamanhos mais pequenos. Os números indicados entre parênteses referem-se às merísticas (quando formadas) dos espécimes estudados no presente estudo.

Análise dos dados:

A abundância mensal de ovos e larvas foi a média do número padronizado de ovos e larvas em todas as estações positivas para cada espécie. A estatística univariada foi efectuada no SPSS 22, utilizando ANOVA para determinar diferenças no número de indivíduos e no número de espécies entre meses e locais. Todos os dados foram testados quanto à homogeneidade da variância. Quando as amostras não eram homogéneas, os dados foram transformados ou foi utilizado o teste não paramétrico de Kruskal-Wallis (Zar, 1999 e Dytham, 2003). Os índices de diversidade (riqueza de espécies, a equitabilidade e Shannon-Wiener) foram calculados utilizando o PRIMER 5 (Plymouth Routines in Multivariate Ecological Research).

Abreviaturas:

As abreviaturas utilizadas na descrição dos peixes larvares neste estudo são as seguintes

D..........Dorsal fin
A...........Anal fin
P1.........Pectoral fin
P2 ....Pelvic fin
C...........Caudal fin
TL.........Total length
SL.........Standard length
HL.........Head length
SnL........Snout length
ED.........Eye diameter
BD.........Body depth
PDL.......Predorsal length
PAL.......Preanal length
ARB......Arabia
MRN ......Marina
SHR ......Sheraton
MGW ....Magawish

CAPÍTULO 3. RESULTADOS

Parâmetros físicos:

Temperatura:

A temperatura da água à superfície na zona de estudo, enquanto zona quente, mostrou a variação sazonal registada no Mar Vermelho. A temperatura atingiu o seu valor mais elevado durante o verão, com um máximo de 30,90 C em agosto, e depois diminuiu gradualmente durante o outono e o inverno, atingindo o seu mínimo (19,8° C) em fevereiro. Em Hurghada, a temperatura atingiu o seu máximo em agosto, com 30° C.

Salinidade:

A salinidade na zona de Hurghada foi relativamente elevada, com uma média alterada durante todo o ano entre 40,4 e 41,6. As medições de salinidade foram superiores a 40 na maioria dos meses, com um máximo de 44 em maio.

Oxigénio dissolvido:

A concentração de oxigénio dissolvido na área de estudo indicou boas condições de oxigenação durante todo o ano. As variações sazonais mostraram uma gama muito estreita (6,87,3 mgO_2 /1), reflectindo a estabilidade das condições de oxigenação na área de estudo. A concentração de oxigénio mais elevada foi observada em setembro e maio.

Clorofila a:

Os teores de clorofila a na zona de Hurghada foram, na sua maioria, baixos, indicando que a produção de fitoplâncton é baixa. A concentração mais elevada de clorofila a foi observada em setembro

Fases pelágicas dos peixes dos recifes de coral:

Ovas de peixe

Um total de 117687 ovos de peixe com uma densidade média de ovos de 9807 ovos/1000m^3 foram recolhidos ao longo de um ano de amostragem (Tabela 1).

Tabela 2. Abundância e distribuição de ovos de peixe em todas as estações

Mês	MRN1	MRN2	MRN3	SHR1	SHR2	SHR3	MGW1	MGW2	MGW3	ARB1	ARB2	ARB3	Total
Jan	7	6	2	4	4	7	0	2	2	0	5	2	41
Fev	48	32	17	20	9	15	6	12	17	7	2	10	195
Mar	0	16	16	26	32	60	45	24	0	20	13	14	266
abril	151	18	0	61	7	6	13	46	0	20	16	23	361
maio	250	280	119	164	155	201	235	100	40	250	590	472	2856
Jun	263	133	6600	766	660	166	200	499	600	533	133	866	11419
Jul	785	4560	942	36629	780	267	5413	2280	378	4425	4852	7465	68776
agosto	968	262	1520	4608	470	260	174	526	11054	559	509	7998	28908

setembro	216	402	77	38	0	0	617	523	153	320	103	142	2591
outubro	32	37	7	25	78	670	1	101	34	56	27	58	1126
Nov	0	7	0	68	21	10	16	0	15	0	0	0	137
Dez	324	95	38	155	35	126	134	35	69	0	0	0	1011
Total	3044	5848	9338	42564	2251	1788	6854	4148	12362	6190	6250	17050	117687

A densidade dos ovos seguiu um padrão de distribuição muito claro. Embora os ovos tenham sido recolhidos em todos os meses do ano, a abundância de larvas registou variações consideráveis entre os meses. A maior densidade de ovos foi registada nos meses mais quentes do ano, de junho a agosto, com um pico em julho, com 68776 ovos/1000m^3 , seguido de agosto (28908 ovos/1000m^3). Cerca de 58% dos ovos de peixe foram recolhidos em julho e cerca de 92% de todos os ovos recolhidos foram recolhidos nos meses de verão (julho - agosto). A densidade mais baixa de ovos foi recolhida em janeiro e novembro, onde foram registados 137 ovos/1000m^3 , respetivamente (Fig. 13).

A análise de variância (ANOVA) mostrou que houve uma grande diferença significativa entre os meses. Os ovos recolhidos em julho e agosto são significativamente diferentes dos outros meses (F = 36,18, P > 0,05).

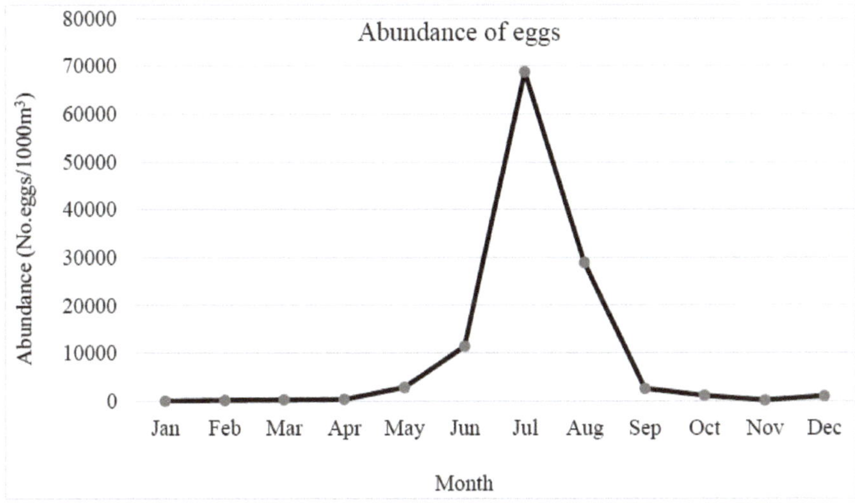

Figura 10. Densidade de ovas de peixe na zona de Hurghada no período de agosto de 2015 a julho de 2016 a partir de 13 estações.

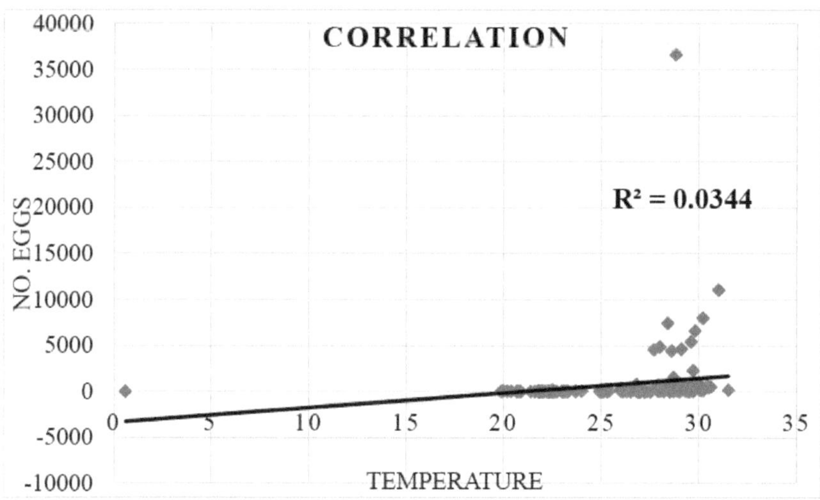

Figura 11. Linha de regressão e correlação entre a temperatura e a abundância de ovos.

A distribuição regional dos ovos de peixe na área de estudo também mostrou variações consideráveis entre transectos e estações. A maior densidade de 45691 ovos/1000m³ , que constituiu cerca de 40% de todos os ovos de peixe recolhidos durante o presente estudo, foi registada em Sheraton. A segunda maior abundância de ovos foi registada em Arabia com 28311 ovos /1000m³ que constituiu cerca de 24% de todos os ovos. A densidade mais baixa foi registada em Marina (17326 ovos/1000m³) (Fig.15). A alta densidade de ovos de peixe em Sheraton deveu-se principalmente ao grande número de ovos retirados de Sheraton 1 (42564 ovos).

Relativamente às estações, a maior densidade de ovos foi registada no sítio Sheraton 1 (SHR1), onde foram recolhidos 42564 /1000m³ , seguido do sítio Arabia 3 (ARB3) com 17050 ovos/1000m³ . A menor abundância de ovos foi registada no sítio Sheraton 3 (SHR3) com 1788 ovos/1000m³ (Fig. 16)

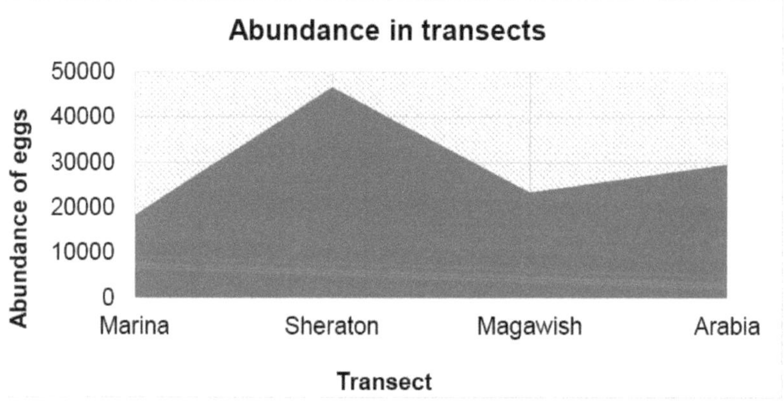

Figura 12. Densidade de ovos de peixe em diferentes transectos no período de estudo.

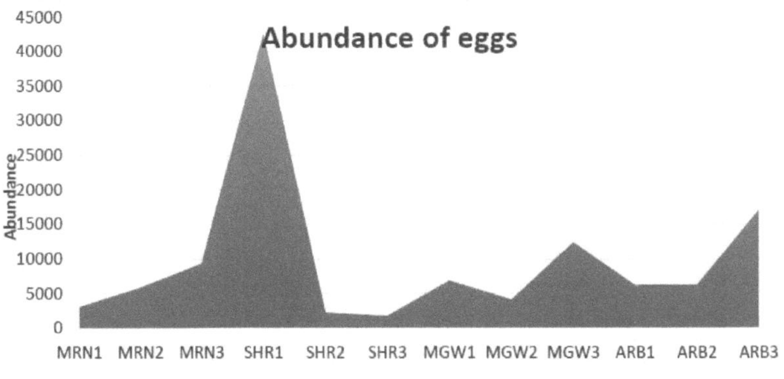

Figura 13. Abundância geral de ovos de peixe em todas as estações

Distribuição espacial dos ovos de peixe:

Marina 1 (MAR 1).

Foram recolhidos no MAR1 um total de 3044 ovos com uma abundância média de 253 ovos/1000 m³ . A distribuição da abundância de ovos na marinha 1 (MAR1) seguiu o padrão geral em toda a área, onde as larvas aumentaram a partir da primavera e atingiram o seu máximo em meados do verão, diminuindo novamente no outono e inverno. A maior abundância de ovos de peixe no MAR 1 foi registada em agosto com uma abundância geral de 968 ovos/1000 m³ . A menor abundância de ovos de peixe registada foi em janeiro com apenas 7 ovos/000m³ . Os ovos estiveram completamente ausentes em março e novembro (Fig. 17).

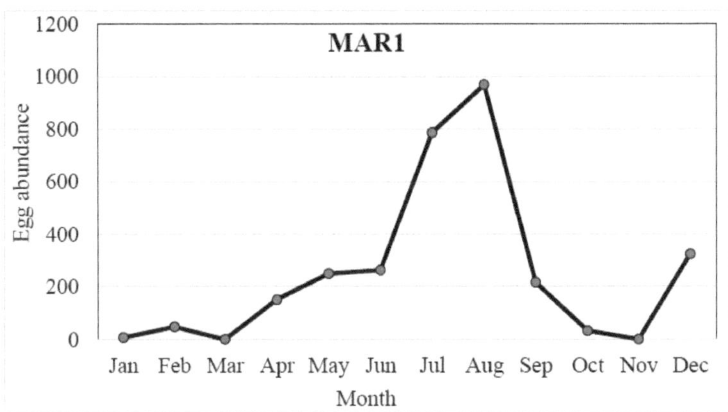

Figura 14. Densidade de ovos de peixe no "MAR 1" durante o período de estudo

Marina 2 (MAR 2).

A abundância geral de ovos de peixe foi de 5848/1000 m3 e a abundância média foi de 487 ovos/1000 m³ no MAR2. A abundância de ovos de peixe no MAR 2 teve o valor mais elevado em julho com

4560 ovos/1000m³ seguido de setembro (402 ovos/1000m³ enquanto que a densidade mais baixa foi registada em janeiro onde foram recolhidos 6 ovos/1000m³ (Fig. 18).

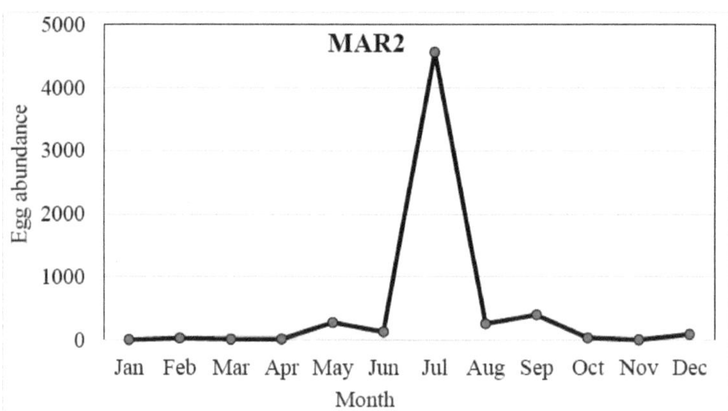

Figura 15. Densidade de ovos de peixe no 'MAR 2 durante o período de estudo

Marina 3 (MAR3).

Foi recolhido um total de 9338 ovos neste local, com uma abundância média de 778 ovos. A densidade de ovos de peixe no MAR 3 teve o valor mais elevado em junho (6600eggs/1000m³) seguido de agosto (1520 eggs/1000m³). A abundância de ovos teve o seu valor mínimo em janeiro (2 ovos). Os ovos estiveram completamente ausentes em abril (Fig. 19).

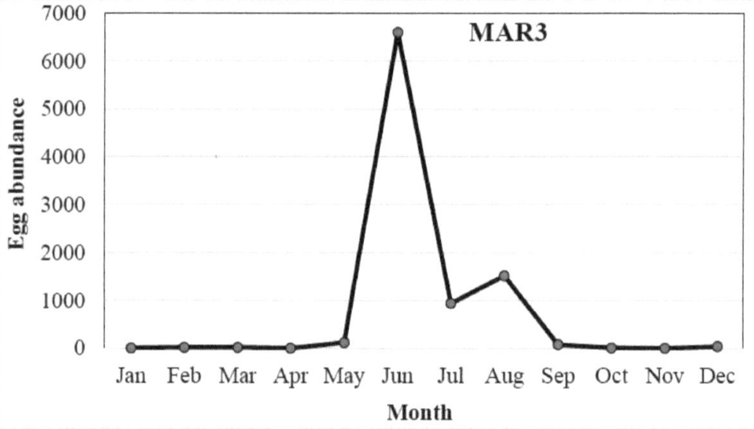

Figura 16. Densidade de ovos de peixe no MAR 3 durante o período de estudo

Sheraton 1 (SHR1).

Este local foi o que registou o maior número de ovos de todos os locais, com 42564 ovos, o que constituiu cerca de 36% de todos os ovos recolhidos em toda a área. O maior número de ovos foi recolhido em julho, onde foram registados 36629 ovos, constituindo cerca de 86% de todos os ovos recolhidos neste local. A abundância mais baixa foi registada em janeiro (4 ovos/1000m³) (Fig. 20).

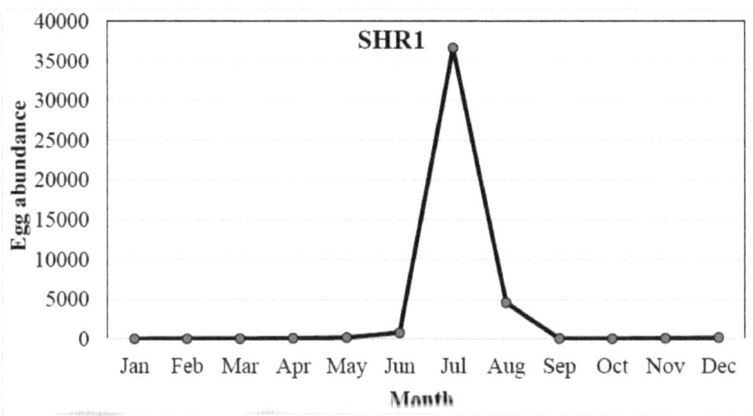

Figura 17. Densidade de ovos de peixe na SHR 1 durante o período de estudo.

Sheraton 2 (SHR2).

Este local foi um dos que continha o menor número de ovos. A densidade de ovos no SHR2 variou entre o mínimo de um ovo em janeiro e o máximo de

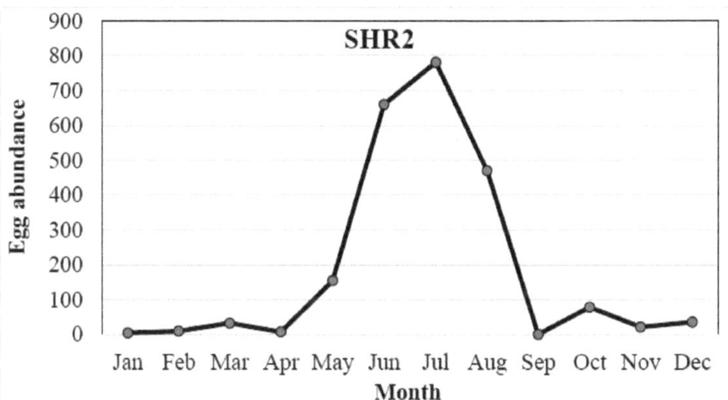

Figura 18. Densidade de ovos de peixe na SHR 2 durante o período de estudo.

Sheraton 3 (SHR3).

Este local registou a menor abundância de ovos de todos os locais, com 1788 ovos/1000m^3 e uma abundância média de 149 ovos/1000m^3 . Ao contrário da maioria dos outros locais, a abundância de ovos atingiu o seu pico em outubro, com uma abundância de 670 ovos/1000m^3 , seguida de julho e agosto, com 267 ovos/1000m^3 e 260 ovos/1000m^3 , respetivamente. Os ovos foram muito raros em abril, janeiro e novembro, com 6, 7 e 10 ovos, respetivamente. A ausência de ovos foi total em setembro (Fig. 22).

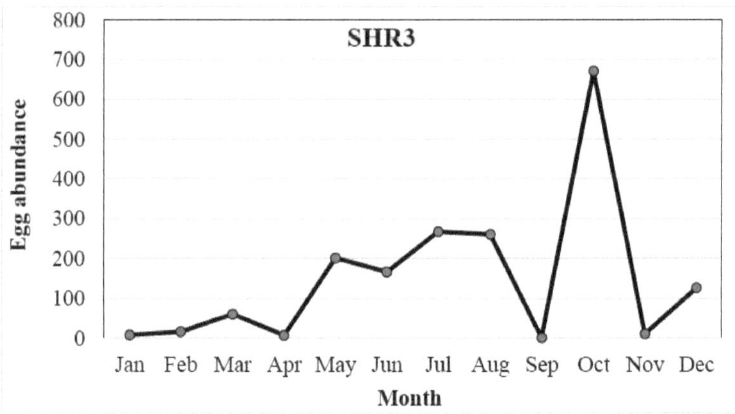

Figura 19. Densidade de ovos de peixe na SHR 3 durante o período de estudo

Magawish 1 (MGW1):

Embora não seja consistente, a variação temporal dos ovos de peixe neste local seguiu o mesmo padrão da maioria dos outros locais. Um total de 6584 ovos com uma abundância média de 571 ovos foram recolhidos no MGW1. Os ovos de peixe atingiram o seu pico em julho, com 5413 ovos/1000m^3 . Depois as larvas diminuíram drasticamente em agosto para 147 ovos e aumentaram novamente em setembro para 617 ovos. Em outubro foi registado apenas um ovo. Como é habitual, não foram encontrados ovos em janeiro (Fig. 23).

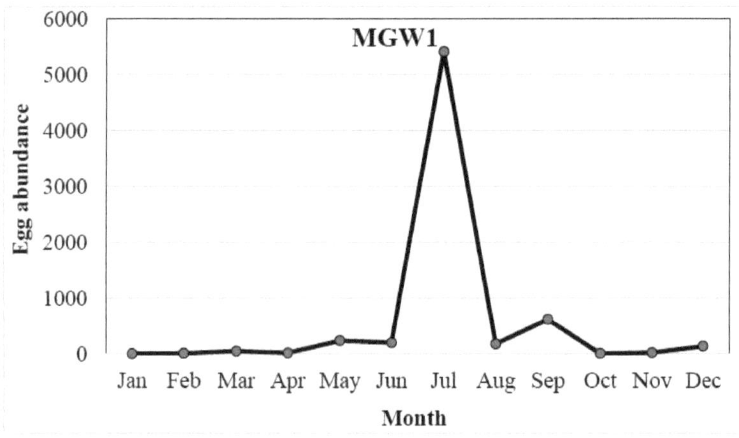

Figura 20. Densidade de ovos de peixe no MGH1 durante o período de estudo.

Magawish 2 (MGW2).

Foram recolhidos no MGW2 um total de 4148 ovos e uma abundância média de 345 ovos/1000 m^3 . A abundância de ovos neste local começou a aumentar em maio, quando foram recolhidos 100 ovos, e atingiu o seu pico em julho, com 2280 ovos. A abundância de ovos aumentou em agosto, com 526 ovos/1000 m^3 . A densidade mais baixa foi registada em janeiro, com apenas 2 ovos. Este local não teve ovos em novembro (Fig. 24).

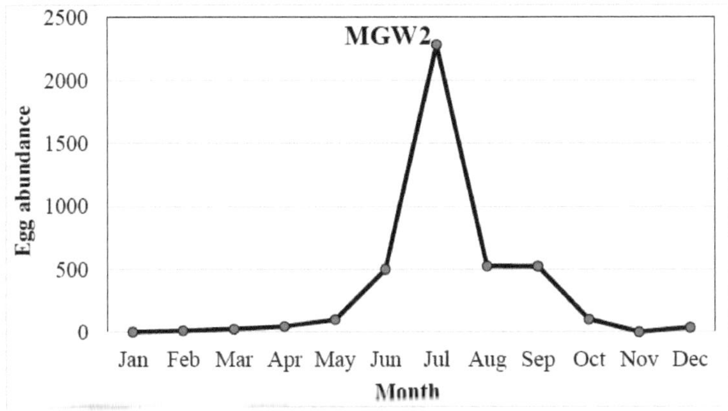

Figura 21. Densidade de ovos de peixe no MGH 2 durante o período de estudo

Magawish 3 (MGW3)

Este local é caracterizado por uma elevada abundância de ovos, tendo sido registados 12362 ovos de peixe. A abundância média registada foi de 1030 ovos, com a abundância máxima de 11045 em agosto e a abundância mínima de 2 em janeiro. Os ovos estiveram ausentes em março e abril (Fig. 25).

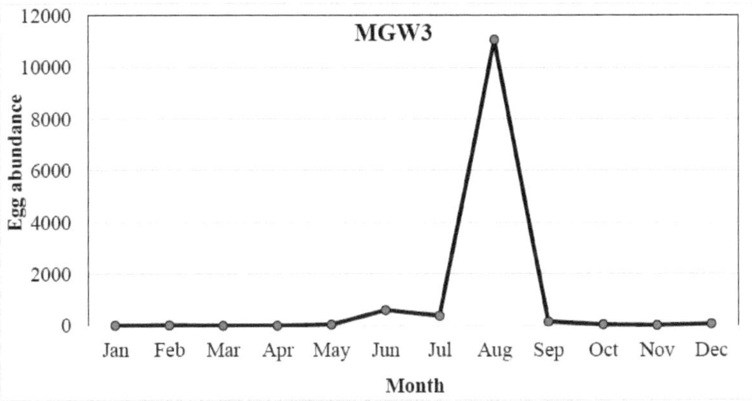

Figura 22. Densidade de ovos de peixe no MGH 3 durante o período de estudo

Arábia 1 (ARB1).

A ARB 1 tinha 6190 ovos e uma abundância média de 515 ovos. A densidade de ovos de peixe na ARB 1 teve o valor mais elevado em julho com 4425 ovos/1000m^3 seguido de agosto com 559 ovos/1000m^3 . A densidade mais baixa foi registada em fevereiro com apenas 7 ovos, enquanto que os ovos estiveram ausentes em três meses, novembro, dezembro e janeiro (Fig. 26).

31

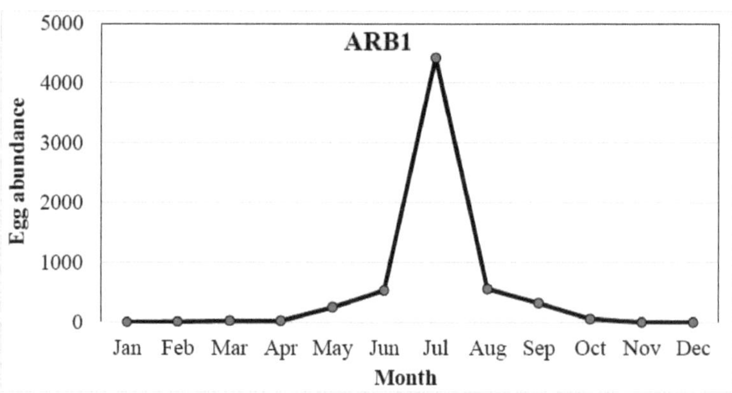

Figura 23. Densidade de ovos de peixe na ARB 1 durante o período de estudo.

Arábia 2 (ARB2).

A densidade de ovos de peixe na ARB 2 teve o valor mais alto em julho, onde um total de 4852 ovos/1000m^3 foram recolhidos, seguido de agosto (509 ovos/1000m^3). Por outro lado, a densidade mais baixa foi registada em maio com 95 ovos/1000m^3 . Não se registaram ovos em novembro e dezembro (Fig. 27).

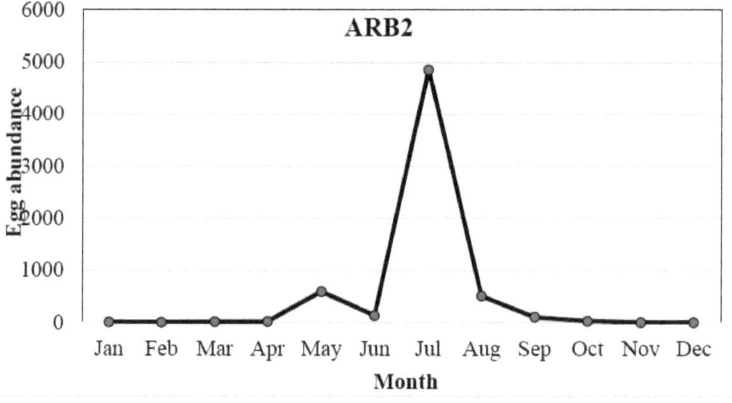

Figura 24. Densidade de ovos de peixe na ARB 2 durante o período de estudo.

Arábia 3 (ARB3).

Este local teve a segunda maior abundância de ovos com uma abundância total de 17050 ovos/1000m^3 e uma abundância média de 1420 ovos /1000m^3 . A densidade de peixes aumentou de 472 ovos /1000m^3 em maio para 866 ovos /1000m^3 em junho e atingiu os seus picos em julho e agosto onde foram recolhidos 7465 ovos /1000m^3 e 7998 ovos /1000m^3 em julho e agosto respetivamente. A abundância diminuiu drasticamente em setembro e outubro, com 112 e 58 ovos /1000m^3 respetivamente, e os ovos estiveram ausentes em novembro e dezembro (Fig. 28).

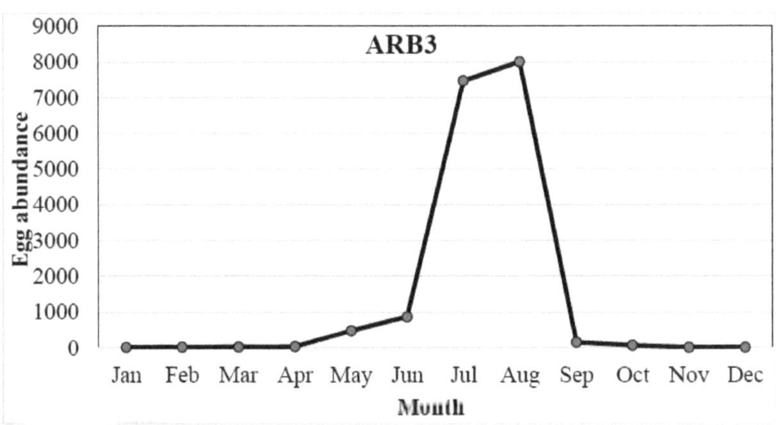

Figura 25 . Densidade de ovos de peixe na ARB 3 durante o período de estudo

Larvas de peixe:

Abundância geral de peixes larvares.

Um total de 3342 larvas com uma abundância média anual de 90/1000m^3 (Tabela 5 e Fig. 29) foram recolhidas em todos os locais ao longo de um ano de amostragem. As larvas de peixe foram recolhidas em todos os locais e em todos os meses. No entanto, houve uma grande variabilidade na abundância total de larvas de peixes, tanto sazonal como regionalmente. As larvas começaram a aumentar em abril, onde foram recolhidas 257 larvas/1000m^3 , e depois atingiram o primeiro pico em maio, com 651/1000m^3 . Surpreendentemente, a abundância de larvas diminuiu em junho para 281 larvas/1000m^3 . Aumentou novamente em julho até atingir o segundo e máximo pico em agosto, com 841 larvas/1000m^3 . Registou-se um decréscimo esperado em setembro, outubro e novembro (Quadro 5 e Fig. 29).

Tabela 3. Distribuição espacial das larvas de peixe.

Mês	MAR1	MAR2	MAR3	SHR1	SHR2	SHR3	MGH1	MGH2	MGH3	ARB1	ARB2	ARB3	Soma
Jan	24	96	25	16	0	0	3	9	6	0	0	0	179
Fev	2	6	3	0	2	3	5	3	2	4	0	2	32
Mar				4	1	2	4	0	0	0	0	0	11
abril	15	10	70	7	8	16	43	84	4	0	0	0	257
maio	112	59	26	0	7	2	1	30	9	0	303	102	651
Jun	2	19	40	25	3	53	43	64	31	1	0	0	281
Jul	15	79	15	12	9	24	13	9	31	252	60	29	548
agosto	137	28	18	109	71	41	77	46	32	73	186	23	841

setembro	7	15	8	12	2	3	16	13	27	4	37	20	164
outubro		7	0	0	0	2	0	1	0	0	0	1	11
Nov			29	5	10	2	5	7	0	0	0	0	58
Dez		14	19	1	11	13	0	8	13	13	217	0	309
Soma	**314**	**333**	**253**	**187**	**127**	**160**	**208**	**278**	**155**	**347**	**803**	**177**	**3342**

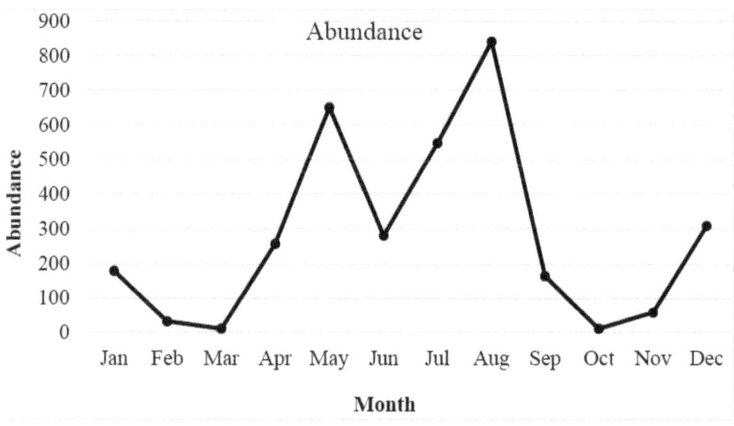

Figura 26. Variações mensais da abundância de larvas de peixes em todos os sítios

Relativamente à distribuição regional das larvas de peixe, a região da Arábia albergou o maior número de larvas de peixe, onde foram recolhidas 1323 larvas. Cerca de 40% de todas as larvas registadas no presente estudo foram recolhidas na região da Arábia. O segundo local mais abundante foi o Porto da Marina com 904 larvas. Considerando que. O menor número de larvas de peixe foi capturado na zona de Sheraton, onde foram recolhidas 474 larvas (Fig. 30).

A abundância de larvas de peixe foi elevada em ARB2, com uma abundância total de 815 larvas/1000 m^3 . Cerca de 24% das larvas de peixe foram recolhidas neste local. A menor abundância de larvas foi registada em Sheraton 1 (SHR1) (Fig. 31).

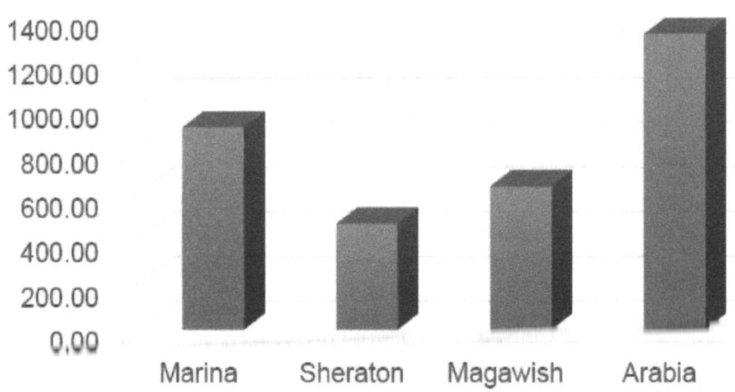

Figura 27. Abundância de larvas de peixes na zona de Hurghada

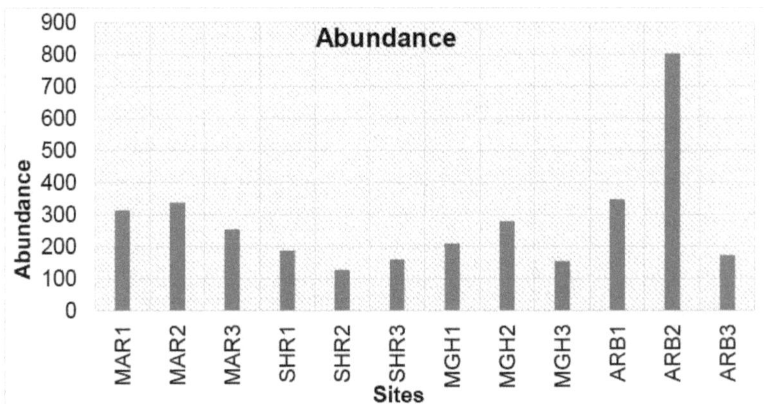

A abundância de larvas de peixes foi significativamente diferente entre locais (F=3,6, P< 0,05) e locais (F=2,9, P< 0,05).

Diversidade das larvas de peixes:

Um total de 32 taxa foram recolhidos em todos os locais ao longo de um ano de amostragem. A maioria das espécies de larvas de peixes foi recolhida entre meados da primavera e meados do verão, tendo o maior número de famílias sido registado em agosto, com 25 famílias, seguido de maio, com 18 famílias, e de setembro e dezembro, com 17 famílias. O menor número de famílias foi registado em outubro, onde foram recolhidas 4 famílias de larvas de peixes (Fig. 32).

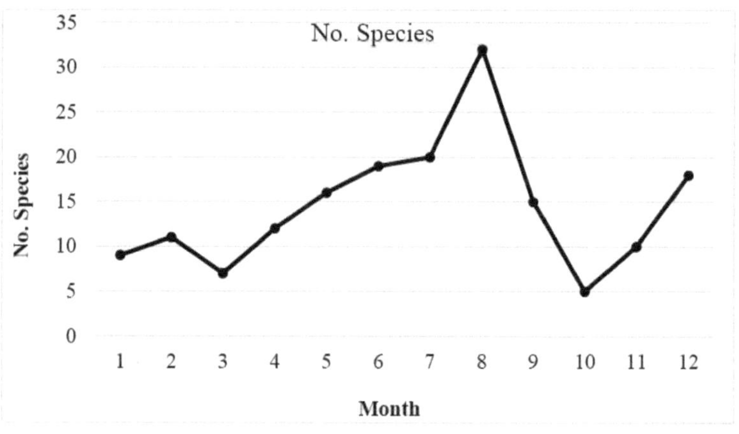

Figura 29. Variação mensal do número de espécies em diferentes sítios

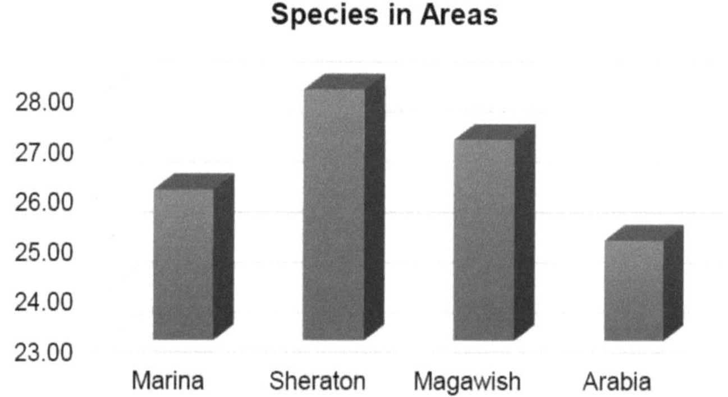

Figura 30. Variação mensal do número de espécies em diferentes áreas

A análise da variação espacial do número de espécies mostrou que o maior número de famílias foi registado em Sheraton, onde foram encontradas 28 famílias. Surpreendentemente, a zona de Arabia, que tinha cerca de 40% de larvas de peixe, registou o menor número de espécies, com 25 famílias. Marina 3, Magawish 3 e Arabia 2 tiveram o maior número de espécies de peixes com 21 famílias. Por outro lado, Sheraton 2 teve o menor número de famílias com apenas 12 famílias (Fig. 34).

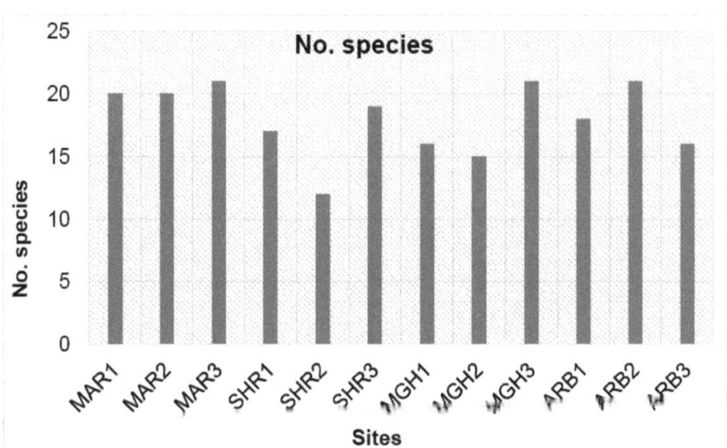

Figura 31. Variação regional da diversidade larvar

Os índices de diversidade, riqueza de espécies, regularidade e diversidade variaram entre meses (Fig. 35). A riqueza de espécies mais elevada, de 4,70, foi registada em agosto, enquanto a riqueza de espécies mais baixa, de 1,54, foi registada em janeiro.

O valor mais elevado de diversidade de espécies foi de 2,30 em agosto, enquanto o valor mais baixo de 1,95 foi encontrado em fevereiro (Fig.36).

Como esperado, Shannon-Weiner teve os seus valores máximos no verão, com um pico em agosto (2,52).

O valor mais baixo foi registado em janeiro (Fig. 37).

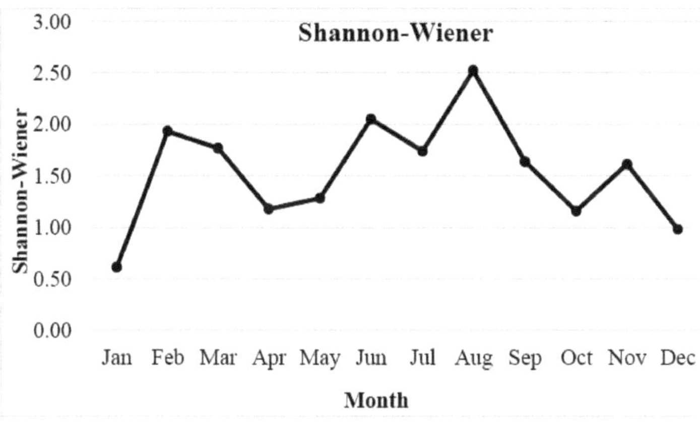

Figura 32. Variações mensais de Shannon-Wiener (índice de diversidade)

Em relação à distribuição espacial dos índices de diversidade (Fig. 39), a maior riqueza de espécies foi de 3,54 na estação MGH3, enquanto a menor riqueza de espécies foi registada na MGH 4 com 1,78.

A maior equidade das espécies variou entre o valor mais baixo de 0,43 registado em MAR2 e o valor

37

mais alto de 1 em SHR 4.

O índice de diversidade de espécies mais elevado foi de 2,25 registado em SHR3; o índice de diversidade de espécies mais baixo foi registado em MAR2 com 1,25.

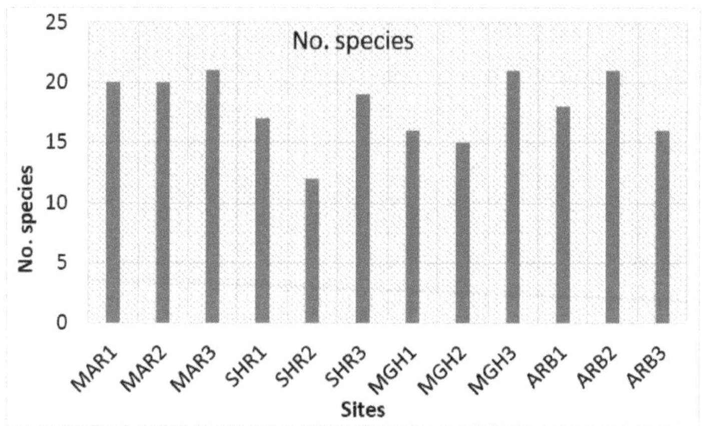

Figura 33. Variações regionais do número de espécies

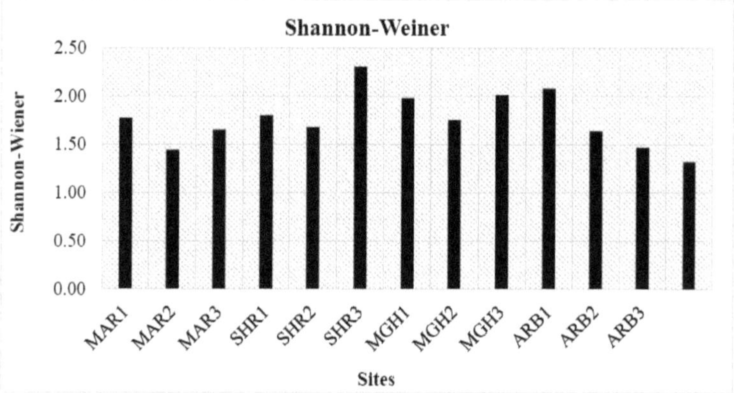

Figura 34. Variações regionais de Shannon-Wiener durante o período de estudo

Composição das espécies

Um total de 3342 larvas representando 37 famílias de peixes foram recolhidas em todos os locais durante um ano de amostragem. Cerca de 6% das larvas não puderam ser identificadas por serem difíceis de identificar ou por serem larvas de saco vitelino. As 10 famílias mais abundantes, Mullidae, Gobiidae, Clupeidae, Phosichthyidae, Pomacentridae, Carangidae, Scombridae, Gerreidae, Blennidae e Atherinidae formaram 84,3% com uma abundância total de 2830 larvas/1000m^3 . No que diz respeito à abundância relativa, as larvas da família Mullidae dominaram toda a população de larvas de peixes com 1784 larvas/1000m^3 constituindo 53% de todas as larvas recolhidas. A segunda família mais abundante foi Gobiidae que formou cerca de 7% de todas as larvas com 244 larvas/1000m^3 enquanto as larvas da família Clupeidae foram as terceiras mais abundantes com 224 formando cerca de 6% de todas as larvas (Tabela 9). As larvas de Scombridae e Gerreidae tiveram quase a mesma abundância com 77 larvas/1000m^3 constituindo 2,3% de todas as larvas registadas durante todo o período de estudo. As larvas menos abundantes foram as de Pegasidae, Tetraodontidae e Priacanthidae, que foram representadas apenas por uma larva, formando 0,03% de todas as larvas.

Tabela 4. Abundância das famílias de larvas de peixes recolhidas durante o presente estudo.

Family	MAR1	MAR2	MAR3	SHR1	SHR2	SHR3	MGH1	MGH2	MGH3	ARB1	ARB2	ARB3	Sum
Mullidae	140	224	156	70	63	39	103	121	71	158	516	123	1784
Gobiidae	5	25	15	37	10	17	6	5	8	100	11	5	244
Clupeidae	77	14	14	13	19	10	6	24	4	23	14	6	224
Phosichthyidae	10	12	11	0	0	0	0	0	0	5	84	0	122
Youc Sac larvae	1	2	1	1	0	5	43	12	13	9	27	5	119
Pomacentridae	20	1	13	9	1	5	6	9	5	0	34	1	104
Carangidae	4	4	2	0	0	4	0	2	0	11	49	9	85
Unknown	3	10	9	2	9	11	5	15	2	15	0	0	81
Scombridae	0	1	6	0	0	1	3	16	17	11	19	3	77
Gerreidae	0	0	0	40	0	0	0	33	1	0	1	2	77
Blenniidae	11	21	0	2	13	7	3	0	2	1	4	1	65
Atherinidae	26	2	1	1	3	0	1	4	9	0	1	0	48
Scaridae	4	3	3	0	0	0	12	16	0	1	1	5	45
Sphyraenidae	2	2	2	3	2	3	9	6	6	2	6	1	44
Bythitidae	2	2	5	1	2	0	3	1	2	3	10	5	36
Monacanthidae	0	0	0	0	0	30	0	0	0	0	0	2	32
Apogonidae	1	4	5	1	0	8	0	4	1	0	0	0	24
Serranidae	1	2	2	3	2	4	4	0	0	0	2	0	20
Myctophidae	1	0	1	1	0	4	0	10	0	0	0	0	17
Mugilidae	1	0		1	0	3	0	0	2	1	4	2	14
Hemiramphidae	0	5	0	0	0	0	0	0	0	0	6	2	13
Exocoetidae	3	1	3	0	1	0	0	0	1	1	1	0	11
Labridae	0	0	0	0	0	0	0	0	0	0	8	1	9
Lutjanidae	0	0	0	0	0	0	0	0	5	3	0	0	8
Syngnathidae	0	1	0	0	0	3	2	0	0	1	0	0	7
Callionymidae	0	0	0	0	0	0	0	0	0	1	4	0	5
Tetraodontidae	0	0	1	0	0	1	0	0	0	1	1	0	4
Belonidae	1	1	1	0	0	0	1	0	0	0	0	0	4
Bothidae	0	0	1	0	0	1	1	0	1	0	0	0	4
Scorpionidae	0	0	1	1	0	0	0	0	1	0	0	0	3
Holocentridae	0	0	0		2	0	0	0	1	0	0	0	3
Soleidae	0	0	0	1	0	0	0	0	1	0	0	0	2
Siganidae	0	0	0	0	0	0	0	0	2	0	0	0	2
Coryphaenidae	0	0	0	0	0	2	0	0	0	0	0	0	2
Pegasidae	0	0	0	0	0	1	0	0	0	0	0	0	1
Terapontidae	1	0	0	0	0	0	0	0	0	0	0	0	1
Priacanthidae	0	0	0	0	0	1	0	0	0	0	0	0	1
Total abundance	314	337	253	187	127	160	208	278	155	347	803	173	3342

Tabela 5. Variação mensal da composição de espécies.

Família	Jan	Fev	Mar	abril	maio	Jun	Jul	agosto	setembro	outubro	Nov	Dez	Total
Mullidae	155	14	4	177	443	130	276	209	95	1	32	248	1784
Gobiídeos	0	2	1	5	44	18	108	51	7	1	5	2	244
Clupeídeos	0	2	1	0	2	0	41	166	0	0	3	9	224
Fosichthyidae	0	0	0	30	45	10	17	20	0	0	0	0	122

Pomacentridae	0	0	1	19	56	11	0	12	1	0	3	1	104
Carangídeos	2	1	1	4	6	27	14	21	3	0	0	6	85
Scombridae	0	0	0	1	8	7	15	36	7	1	0	2	77
Gerreídeos	0	0	0	1	14	16	2	44	0	0	0	0	77
Blenniidae	0	0	0	1	6	1	24	17	13	0	1	2	65
Atherinidae	1	0	0	0	0		1	46	0	0	0	0	48
Scarídeos	0	0	0	0	0	15	10	19	1	0	0	0	45
Sphyraenidae	1	0	0	4	9	8	4	1	10	0	4	3	44
Bythitidae	2	3	0	0	1	2	0	10	4	0	1	13	36
Monacantídeos	0	0	0	0	0	0	0	31	0	0	0	1	32
Apogonídeos	0	0	0	0	0	12		12	0	0	0	0	24
Serranídeos	0	0	0	0	0	0	0	18	0	0	0	2	20
Myctophidae	5	1	0	0	0	8	0		0	0	0	3	17
Mugilídeos	0	0	0	0	1	0	7	3	2	0	0	1	14
Hemiramphidae	0	3	0	0	4	0	1	4	1	0	0	0	13
Exocoetidae	0	0	0	3	0	0	0	2	0	1	2	3	11
Labrídeos	0	0	0	0	0	0	2	7	0	0	0	0	9
Lutj anidae	0	0	0	0	0	1	5	2	0	0	0	0	8
Syngnathidae	0	0	0	1	0	0	1	2	1	0	0	2	7
Callionymidae	0	0	0	0	4	0	0	1	0	0	0	0	5
Bothidae	0	0	0	0	0	0	0	4	0	0	0	0	4
Belonídeos	1	0	0	0	0	1	0	2	0	0	0	0	4
Tetraodontidae	0	0	0	0	0	0	0	4	0	0	0	0	4
Scorpaenidae	0	0	0	0	0	1	0	1	1	0	0	0	3
Holocentrídeos	0	0	0	0	0	1	0	2	0	0	0	0	3
Soleídeos	0	0	0	0	0	0	1	1	0	0	0	0	2

Siganidae	0	0	0	0	0	0	2	0	0	0	0	0	2
Pegasídeos	0	0	0	0	0	0	0	0	0	0	0	1	1
Terapontidae	0	1	0	0	0	0	0	0	0	0	0		1
Priacanthidae	0	0	0	0	0	0	0	1	0	0	0	0	1
Corypheanaidae	0	2	0	0	0	0	0	0	0	0	0	0	2
Larvas de Youc Sac	119	1	1	0	2	4	6	86	5	0	2	1	119
Desconhecido	1	2	2	11	6	8	11	6	13	7	5	9	81
Total	179	32	11	257	651	281	548	841	164	11	58	309	3342

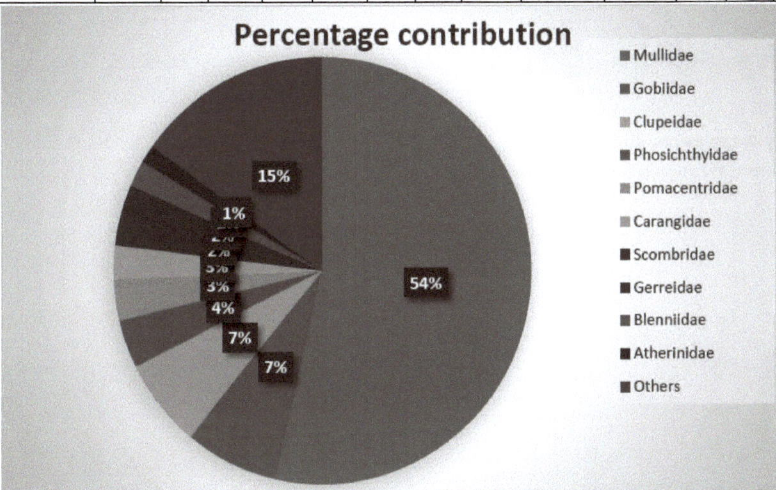

Figura 35. Contribuição percentual das famílias de peixes mais abundantes

A análise de similaridade de Bray-Curits mostrou uma similaridade geral de cerca de 60%. Não se registaram grandes diferenças entre os locais no que diz respeito ao número de larvas ou ao número de espécies (Fig. 43). O valor de similaridade mais elevado foi encontrado entre o MAR 3 e o MAR2, registando uma similaridade de cerca de 80%.

Relativamente à semelhança entre espécies, as espécies podem ser classificadas em 5 grupos com uma semelhança geral de 40%. O primeiro grupo é composto por 11 famílias com uma semelhança de 55%. Dentro deste grupo, as larvas de Soleidae e Scorpaenidae apresentaram uma semelhança de cerca de 80%. O grupo II era composto por 4 famílias com uma semelhança de 55%, enquanto o grupo III continha 11 famílias e um valor de semelhança de 70%. As larvas de Terapontidae, Gerreidae e Monacanthidae são diferentes das de outras famílias de peixes. Pegasidae e priacanthidae têm uma semelhança de 100% e formaram um grupo com Coryphaenidae com uma semelhança de 85% (Fig. 44).

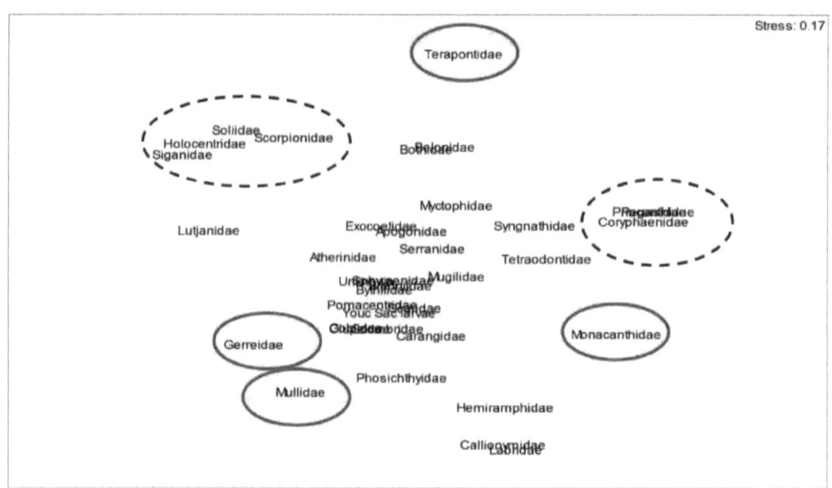

Figura 36. Escalonamento multidimensional não métrico (MDS) para as espécies

Larvas de peixes comerciais

De todas as larvas recolhidas durante o período de estudo, 2510 larvas representando 31 espécies em 24 famílias e formando 75% de todas as larvas eram peixes comerciais.

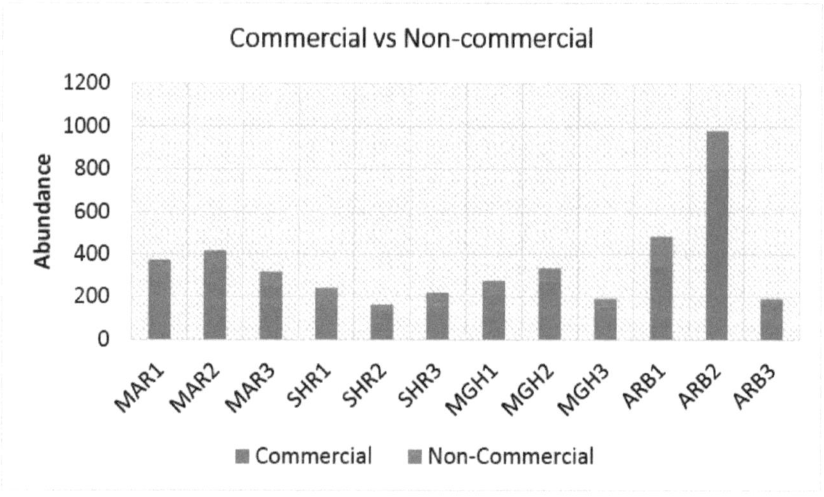

Figura 37. Rácio entre peixes comerciais e não comerciais em diferentes locais

As larvas de peixes comerciais foram registadas durante todo o ano, sendo a abundância mais elevada nas estações mais quentes (primavera/verão). No total, foram recolhidas 1125 larvas de peixes no verão, seguidas de 881 larvas na primavera. As larvas foram raras no outono e no inverno, com 315 e 189 larvas, respetivamente (Fig. 71).

Relativamente às variações mensais, a maior abundância foi registada em agosto com 623 larvas/1000m^3 . Registaram-se outros aumentos em maio com 487 larvas e em julho 382 larvas/1000m^3 . Apenas duas larvas foram capturadas em fevereiro e 6 larvas em março (Fig.72).

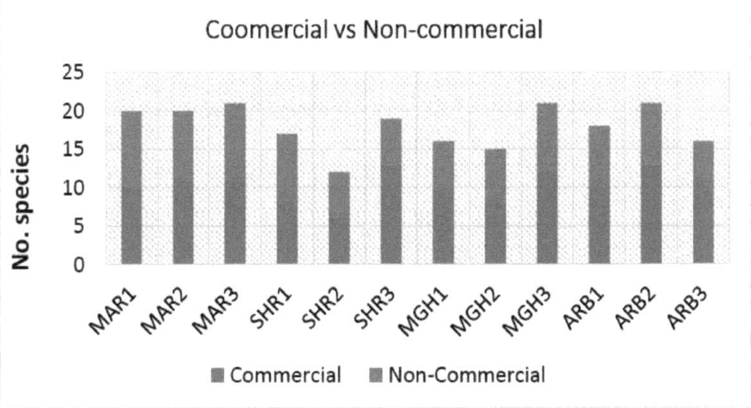

Figura 38. Rácio entre espécies comerciais e não comerciais na coleção

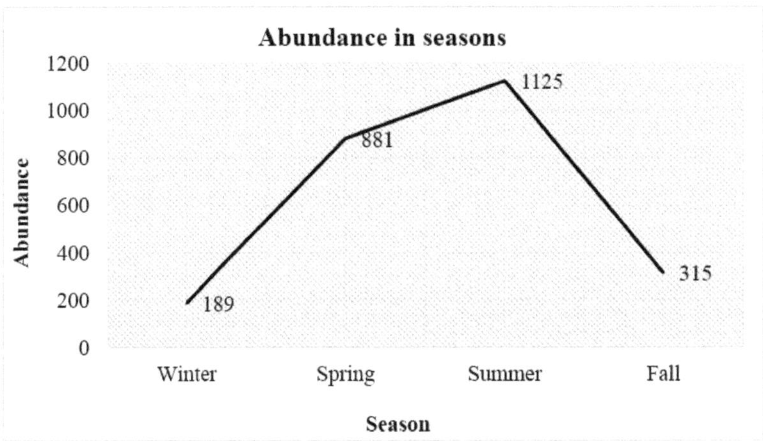

Figura 39. Abundância de larvas de peixes comerciais em diferentes épocas

43

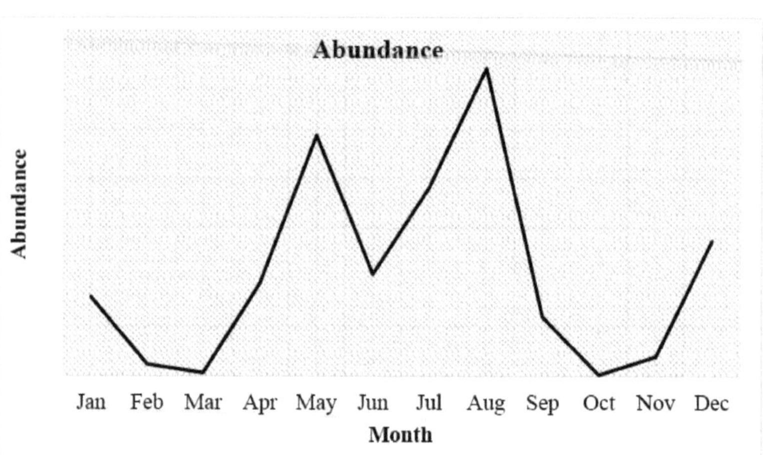

Figura 40. Variações mensais da abundância de larvas de peixes comerciais

O maior número de larvas de peixe foi registado na região da Arábia, onde foram recolhidas 996 larvas, indicando a importância da área como local de desova para peixes comerciais. A região de Marina veio em segundo lugar depois de Arabia com 705 larvas de peixe, enquanto Sheraton teve o menor número de larvas de peixe (325) (Fig. 75).

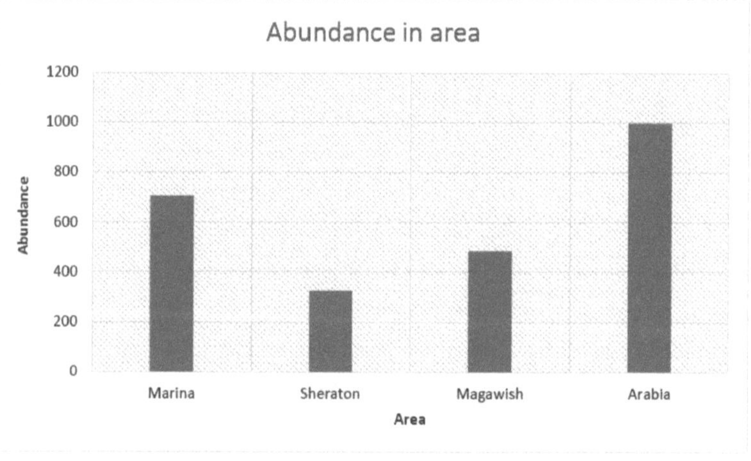

Figura 41. Vvariações na abundância de larvas de peixes comerciais em diferentes áreas.

Entre os locais, Arabia 2 (ARB2) albergou o maior número de larvas de peixe com 628 larvas/1000m^3 enquanto que Sheraton 2 (SHR2) teve o número mais baixo (91 larvas/1000m^3) (Fig. 76).

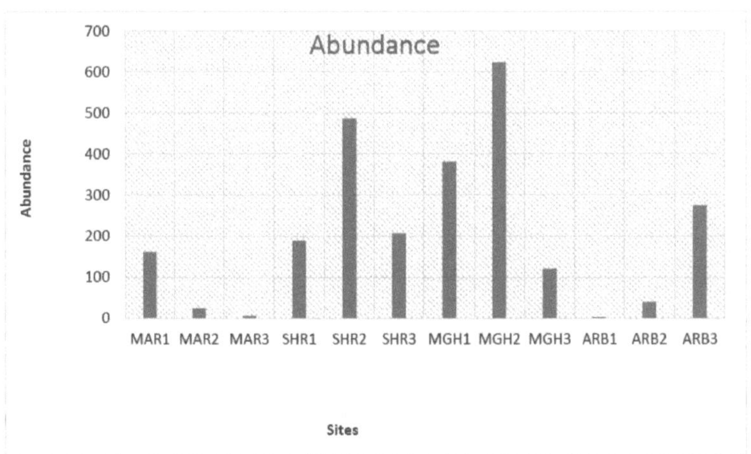

Figura 42. Variações na abundância de larvas de peixes comerciais em diferentes locais

Das 24 famílias registadas durante o presente estudo, 22 famílias foram encontradas em Magawish 1 (MGH1) e 15 famílias foram registadas em Sheraton 3 (SHR3). O menor número de famílias foi registado em Magawish 3 (2 famílias) e em Arabia 1 e Marina 2, onde foram encontradas apenas 3 famílias (Fig. 77).

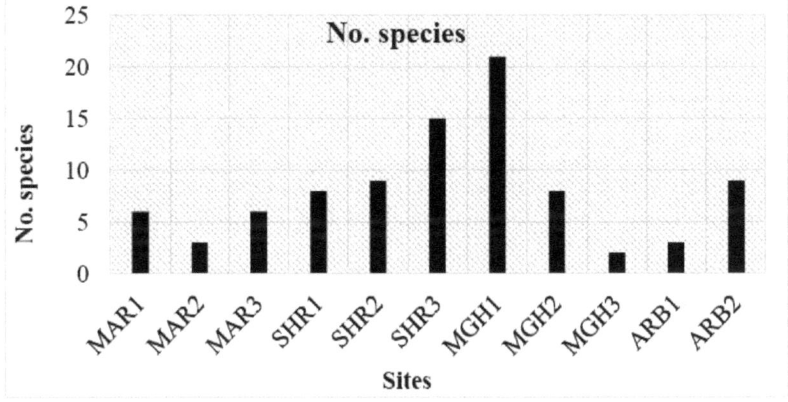

Figura 43. Variações no número de espécies de larvas de peixes comerciais em diferentes locais.

Tabela 6. Variação mensal da abundância das famílias de peixes comerciais

Família	Jan	Fev	Mar	abril	maio	Jun	Jul	agosto	setembro	outubro	Nov	Dez	Total
Mullidae	155	14	4	177	443	130	276	209	95	1	32	248	1784
Clupeídeos	0	2	1	0	2	0	41	166	0	0	3	9	224
Carangídeos	2	1	1	4	6	27	14	21	3	0	0	6	85

Família	MAR1	MAR2	MAR3	SHR1	SHR2	SHR3	MGH1	MGH2	MGH3	ARB1	ARB2	ARB3	Total
Scombridae	0	0	0	1	8	7	15	36	7	1	0	2	77
Gerreídeos	0	0	0	1	14	16	2	44	0	0	0	0	77
Atherinidae	1	0	0	0	0		1	46	0	0	0	0	48
Scarídeos	0	0	0	0	0	15	10	19	1	0	0	0	45
Sphyraenidae	1	0	0	4	9	8	4	1	10	0	4	3	44
Monacantídeos	0	0	0	0	0	0	0	31	0	0	0	1	32
Serranídeos	0	0	0	0	0	0	0	18	0	0	0	2	20
Mugilídeos	0	0	0	0	1	0	7	3	2	0	0	1	14
Hemiramphidae	0	3	0	0	4	0	1	4	1	0	0	0	13
Labrídeos	0	0	0	0	0	0	2	7	0	0	0	0	9
Lutjanídeos	0	0	0	0	0	1	5	2	0	0	0	0	8
Syngnathidae	0	0	0	1	0	0	1	2	1	0	0	2	7
Bothidae	0	0	0	0	0	0	0	4	0	0	0	0	4
Belonídeos	1	0	0	0	0	1	0	2	0	0	0	0	4
Tetraodontidae	0	0	0	0	0	0	0	4	0	0	0	0	4
Holocentrídeos	0	0	0	0	0	1	0	2	0	0	0	0	3
Soleídeos	0	0	0	0	0	0	1	1	0	0	0	0	2
Siganidae	0	0	0	0	0	0	2	0	0	0	0	0	2
Terapontidae	0	1	0	0	0	0	0	0	0	0	0		1
Priacanthidae	0	0	0	0	0	0	0	1	0	0	0	0	1
Corypheanaidae	0	2	0	0	0	0	0	0	0	0	0	0	2
Total	160	23	6	188	487	206	382	623	120	2	39	274	2510

Tabela 7. Abundância de larvas de peixes comerciais em diferentes locais

Família	MAR1	MAR2	MAR3	SHR1	SHR2	SHR3	MGH1	MGH2	MGH3	ARB1	ARB2	ARB3	Total
Mullidae	140	224	156	70	63	39	103	121	71	158	516	123	1784
Clupeídeos	77	14	14	13	19	10	6	24	4	23	14	6	224
Carangídeos	4	4	2	0	0	4	0	2	0	11	49	9	85

													Total
Scombridae	0	1	6	0	0	1	3	16	17	11	19	3	77
Gerreídeos	0	0	0	40	0	0	0	33	1	0	1	2	77
Atherinidae	26	2	1	1	3	0	1	4	9	0	1	0	48
Scarídeos	4	3	3	0	0	0	12	16	0	1	1	5	45
Sphyraenidae	2	2	2	3	2	3	9	6	6	2	6	1	44
Monacantídeos	0	0	0	0	0	30	0	0	0	0	0	2	32
Serranídeos	1	2	2	3	2	4	4	0	0	0	2	0	20
Mugilídeos	1	0		1	0	3	0	0	2	1	4	2	14
Hemiramphidae	0	5	0	0	0	0	0	0	0	0	6	2	13
Labrídeos	0	0	0	0	0	0	0	0	0	0	8	1	9
Lutjanídeos	0	0	0	0	0	0	0	0	5	3	0	0	8
Syngnathidae	0	1	0	0	0	3	2	0	0	1	0	0	7
Tetraodontidae	0	0	1	0	0	1	0	0	0	1	1	0	4
Belonídeos	1	1	1	0	0	0	1	0	0	0	0	0	4
Bothidae	0	0	1	0	0	1	1	0	1	0	0	0	4
Holocentrídeos	0	0	0		2	0	0	0	1	0	0	0	3
Soleídeos	0	0	0	1	0	0	0	0	1	0	0	0	2
Siganidae	0	0	0	0	0	0	0	0	2	0	0	0	2
Coryphaenidae	0	0	0	0	0	2	0	0	0	0	0	0	2
Terapontidae	1	0	0	0	0	0	0	0	0	0	0	0	1
Priacanthidae	0	0	0	0	0	1	0	0	0	0	0	0	1
Total	257	259	189	132	91	102	142	222	120	212	628	156	2510

A comunidade larvar de peixes foi grandemente dominada por larvas de peixe-cabra (Família: Mullidae) que formaram mais de 70% de todas as larvas recolhidas. As cinco famílias mais abundantes formaram cerca de 90% de todas as larvas. A segunda família mais abundante foi Clupeidae que formou cerca de 9% seguido por Carangidae e Scombridae que formaram 3%.

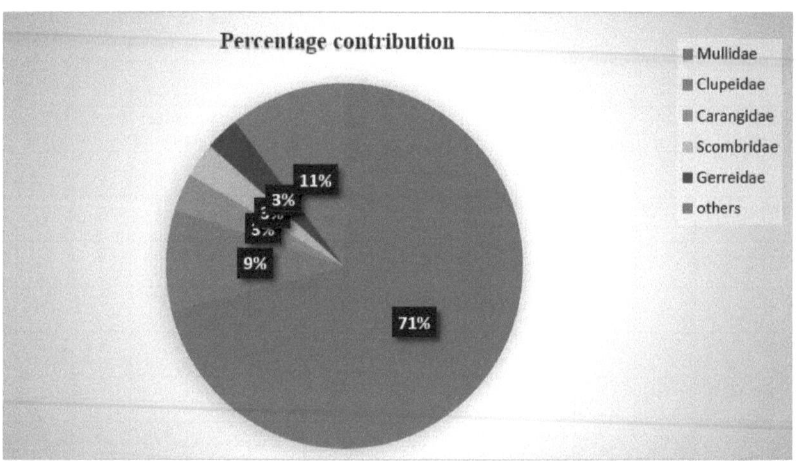

Figura 44. Contribuição percentual das famílias mais abundantes

Composição das espécies de larvas de peixes comerciais

Um total de 2474 larvas representando 22 taxa diferentes de peixes foram recolhidas em todos os locais ao longo de um ano de amostragem. A abundância média de larvas de peixes em diferentes locais e meses é apresentada em tabelas. As seguintes são as famílias comerciais mais abundantes registadas durante a presente recolha, com uma abundância superior a 10 larvas/1000m^3 .

Família: Mullidae (peixes-cabra).

A família Mullidae foi a família mais abundante na coleção. As larvas desta família dominaram a coleção com 1784 larvas constituindo 71% de todas as larvas recolhidas. As larvas de Mullidae podem ser identificadas em duas espécies: o peixe-cabra de faixa amarela, *Mulloidichthys flavolineatus* e o peixe-cabra rosado *Parupeneus rubescens*.

As larvas de *Mulloidichthys flavolineatus* ocorreram de maio a outubro, com um pico em maio, enquanto as larvas de *Parupeneus rubescens* foram recolhidas de novembro a fevereiro.

Descrição das larvas

As larvas de Mullid têm um corpo pouco profundo, são comprimidas lateralmente e moderadamente alongadas. Os miómeros são em número de 23-25, com 5-10 miómeros pré-anais que aumentam em número com o crescimento do corpo. O intestino é curto, estendendo-se até cerca de 50% do comprimento do corpo. A cabeça é redonda dorsalmente e o focinho é curto e muito inclinado. Os olhos são redondos a ligeiramente ovóides. A boca é de tamanho moderado, estendendo-se até ao bordo anterior do olho. Os pigmentos ocorrem na superfície dorsal do intestino e ao longo da linha média ventral da cauda. A pigmentação do cérebro é formada por três melanóforos dispostos num padrão triangular no mesencéfalo. Forma-se a anlage das barbatanas. Apareceram séries de melanóforos na linha média lateral, juntamente com o pigmento interno da notocorda. Nas larvas de 5,5 mm, a segunda barbatana dorsal começa a formar-se e a barbatana peitoral está completamente formada. A pigmentação do cérebro torna-se mais extensa. Forma-se uma faixa de melanóforos ao longo da superfície mediana lateral da cauda, juntamente com melanóforos internos sobre a notocorda (Fig. 86).

Abundância e distribuição das larvas

As larvas da família Mullidae foram os taxa mais abundantes, com uma abundância total de 1784 larvas/1000 m^3 . Constituíram cerca de 71% de todas as larvas recolhidas. As larvas são encontradas de janeiro a dezembro, atingindo o seu pico em maio com uma abundância de 443 larvas/1000m^3 e apresentando a menor abundância em outubro com uma abundância de 1 larva/1000m^3 (Fig. 87). A maior parte das larvas concentrou-se na ARB2, com uma abundância de 516 larvas/1000m^3 , e a sua abundância mais baixa registou-se na MGH4, com uma abundância de 12 larvas/1000m^3 . As larvas de Mullidae não se encontravam na SHR4 (Fig. 88).

Família: Mullidae	*Mulloides flavolineatus*
Merística	
Myomeres	: 23-25 (23-25)
Preanal	: (5-10)
Pós-anal	:
Barbatanas	
Espinhos dorsais	: 7-8+1 (7+1)
raios dorsais	: 7-9 (7-9)
Espinhas anais	:1
Raios anais	: 6-7 (6-7)
Pélvica	:I,5
Pectoral	: 13-18 (13-18))
Caudal	: 8+7
Ocorrência de larvas	: No verão
Padrão de história de vida precoce	: Ovíparos com ovos e larvas pelágicos
Literatura:	: **Leis e Rennis, 1983**
MORFOMETRIA	

	PREFLEXÃO	PÓS-FLEXÃO
Snl/HL	37-40%	30-33%
ED/HL	37-40%	30-33%
HL/BL	25-26%	25%
PAL/BL	40-46%	48-50%
PDL/BL	--	33-34%
BD/BL	13-15%	16-17%

* O número entre parêntesis refere-se ao(s) espécime(s) estudado(s)

Merística

Myomeres	: 23-25 (23-25)
Preanal	: (5-10)
Pós-anal	:
Barbatanas	
Espinhos dorsais	: 7-8+1 (7+1)
raios dorsais	: 7-9 (7-9)
Espinhas anais	: 1
Raios anais	: 6-7 (6-7)
Pélvica	: I,5
Pectoral	: 13-18 (13-18))
Caudal	: 8+7
Ocorrência de larvas	: No inverno
Padrão de história de vida precoce	: Ovíparos com ovos e larvas pelágicos
Literatura:	**: Leis e Rennis, 1983**

MORFOMETRIA

	PREFLEXÃO	PÓS-FLEXÃO
Snl/HL	37-40%	30-33%
ED/HL	37-40%	30-33%
HL/BL	25-26%	25%
PAL/BL	40-46%	48-50%
PDL/BL	--	33-34%
BD/BL	13-15%	16-17%

* O número entre parêntesis refere-se ao(s) espécime(s) estudado(s)

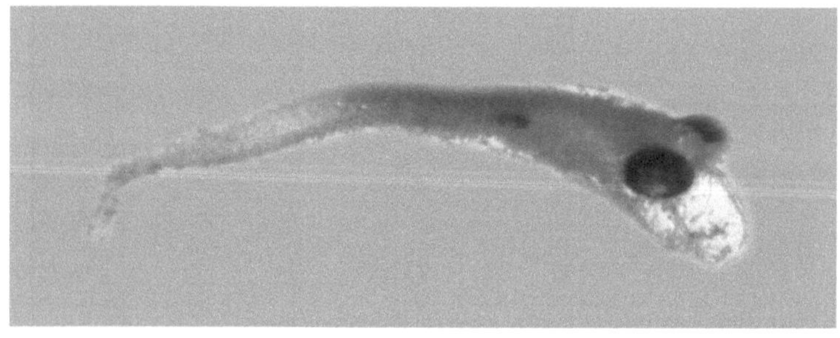

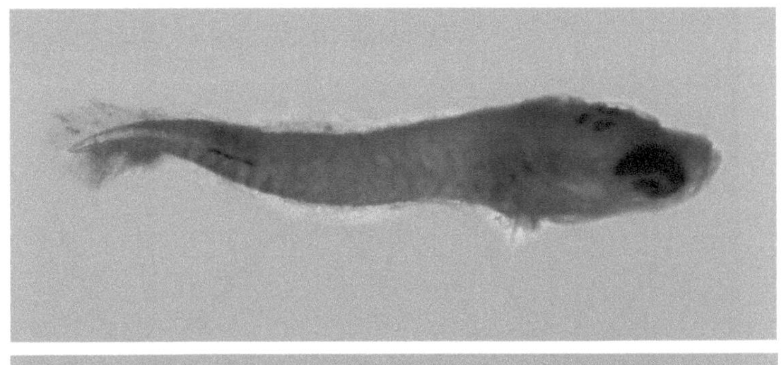

Figura 45. Estádios de desenvolvimento de *Mulloides flavolineatus* do Mar Vermelho

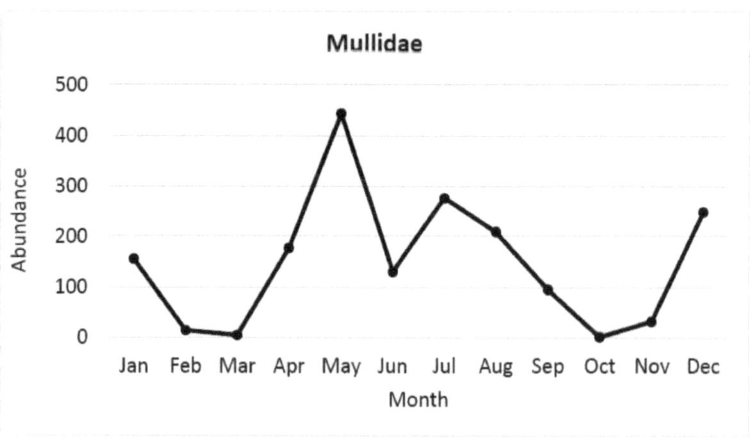

Figura 46. Variações mensais da abundância de larvas da família Mullidae

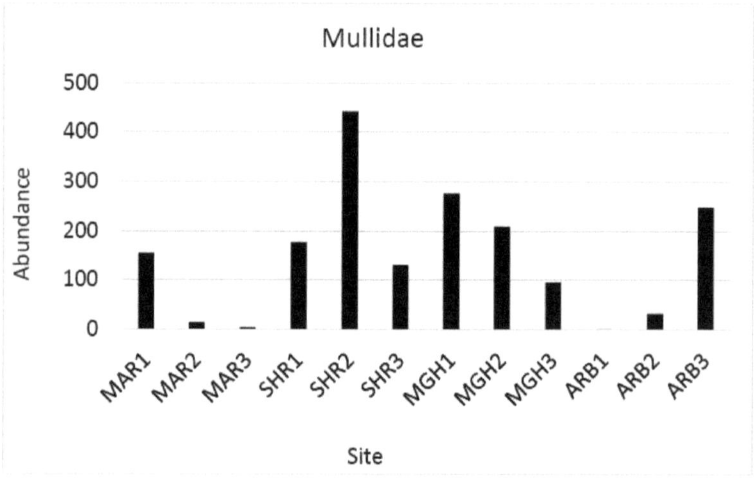

Figura 47. Variações regionais na abundância de larvas da família Mullidae

Família: Clupeidae (Sardinha)

Descrição das larvas

As larvas de clupeídeos são alongadas, cilíndricas a ligeiramente comprimidas, tornando-se geralmente moderadamente comprimidas e de corpo mais profundo durante os estádios de pós-flexão ou de transformação. O intestino é longo (PAL 75-90 BL %), encurtando para 70-80 % durante as fases de pós-flexão e de transformação, com estrias proeminentes no intestino posterior. A barbatana dorsal forma-se acima da parte posterior a média do intestino posterior e, tipicamente, desloca-se para a frente para uma posição mais próxima do meio do corpo durante a transformação (**Sandknop & Watson, 1996 a).** No presente estudo, foi difícil referir as larvas recolhidas às suas respectivas espécies.

Os espécimes mais jovens recolhidos no presente estudo tinham um comprimento de 3,3. A prega da barbatana está presente. Encontrava-se na fase de pré-flexão. O olho é redondo e bastante grande, o focinho é alongado. O comprimento pré-anal representa cerca de 83% do comprimento do corpo. O comprimento da cabeça representa cerca de 15% do comprimento do corpo. A profundidade do corpo corresponde a cerca de 8% do comprimento do corpo. Não há espinhos na cabeça e não se formaram barbatanas. O cleitro está presente. Ocorreu pigmento no intestino e na área caudal. (Fig.89).

Aos 9,7 mm, a prega nadadeira ainda está presente e a notocorda começa a ser flexionada para cima. Começam a formar-se os anlagen das barbatanas dorsal e anal. O botão pélvico está presente. O comprimento pré-anal forma cerca de 86% do comprimento do corpo. O comprimento da cabeça corresponde a cerca de 15% do comprimento do corpo. A profundidade do corpo corresponde a cerca de 8% do comprimento do corpo (Fig. 89).

Aos 15 mm começam a formar-se os elementos das barbatanas dorsal e anal. O comprimento pré-anal representa cerca de 80 % do comprimento do corpo, a cabeça representa 18 % da BL e a profundidade do corpo representa cerca de 10 % da BL.

As larvas de 18,8 mm têm todos os elementos da barbatana atingidos. A origem da barbatana anal está claramente atrás da extremidade da origem da barbatana dorsal. O comprimento pré-anal representa cerca de 78 % do comprimento do corpo, a cabeça representa 17 % da BL e a profundidade do corpo representa cerca de 10 % da BL. A pigmentação ocorre na margem ventral da cauda e no pedúnculo caudal. Muitos melanóforos ocorrem na base da barbatana caudal. O pigmento também ocorre na cabeça, no intestino anterior e no intestino posterior e na base da barbatana anal (Fig. 89).

Famílias semelhantes:

O corpo alongado, com um comprimento pré-anal longo, a pigmentação em grande parte limitada ao intestino e ao ventre e o intestino posterior estriado deveriam permitir separar as larvas de clupeídeos das larvas de outras famílias do mar Vermelho, com exceção dos Engraulidae. As larvas de Engraulidae têm a origem da barbatana anal sob a extremidade da barbatana dorsal. As larvas de *Vinciguerria mabahiss* também podem ser confundidas com larvas de clupeídeos, mas o focinho comprido, o olho elíptico e os dentes caninos de formação precoce de *Vinciguerria mabahiss* ajudam a separá-las.

Abundância e distribuição das larvas

As larvas da família Clupeidae foram o segundo taxa mais abundante, com uma abundância total de 224 indivíduos/1000 m^3 . Constituíram cerca de 9% de todas as larvas recolhidas. As larvas são encontradas de fevereiro a dezembro, exceto em abril, junho, setembro e outubro. Atingiram o seu pico em agosto, com 166 larvas/1000m3 , e apresentaram a abundância mais baixa em março, com uma abundância de 1 larva/1000m^3 (Fig. 88). A maior parte das larvas concentrou-se no MAR1 com uma abundância de 77 larvas/1000m^3 e a menor abundância registou-se no MGH3. As larvas de Clupeidae estavam ausentes em SHR4 e MGH4 (Fig. 89).

A maioria das larvas de clupeídeos pertence a *Spratelloides delicatulus*. No entanto, algumas outras larvas não puderam ser identificadas.

Família: Clupeidae   *Spratelloides delicatulus*

Merística	
Myomeres	: (40-44)
Preanal	: (35-39)

Pós-anal	: (5-10)

Barbatanas

Espinhos dorsais	: 0
raios dorsais	: 15-20
Espinhas anais	: 0
Raios anais	: 13-22
Pélvica	: 8-9
Pectoral	: 13-20
Caudal	: 14-16

Ocorrência de larvas	: Durante todo o ano, com um pico no verão.
Áreas de abundância	Todas as zonas com um pico em Marina
Padrão de história de vida precoce	: Ovíparos com ovos e larvas planctónicos.
Literatura:	**Russell, 1976; Watson & Sandknop, 1996**

MORFOMETRIA

	PREFLEXÃO	PÓS-FLEXÃO
Snl/HL	25%	28-46%
ED/HL	25%	28-33%
HL/BL	18%	12-15%
PAL/BL	90%	84-89%
PDL/BL	---	60-82%
BD/BL	10%	8-10%

* O número entre parêntesis refere-se ao(s) espécime(s) estudado(s)

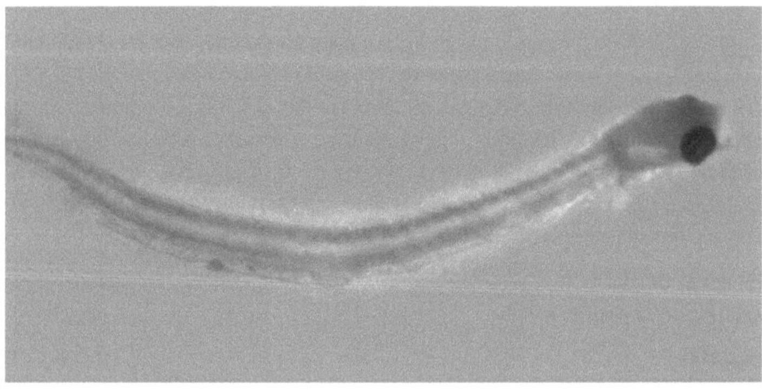

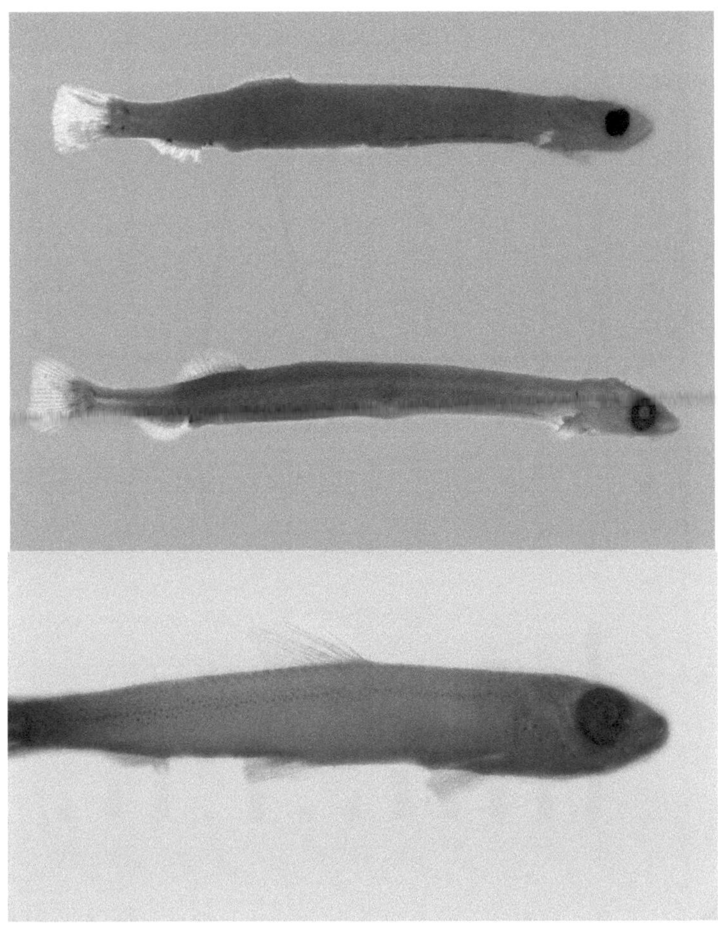

Figura 48. Estádios de desenvolvimento de *Spratelloides delicatulus* do Mar Vermelho

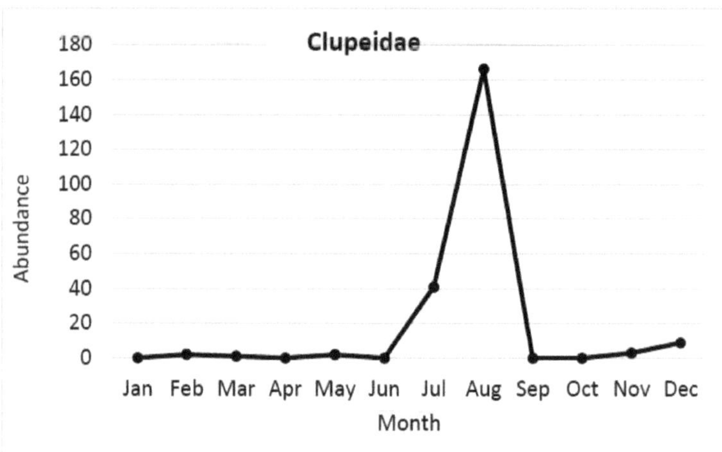

Figura 49. Variações mensais da abundância de larvas da família Clupeidae

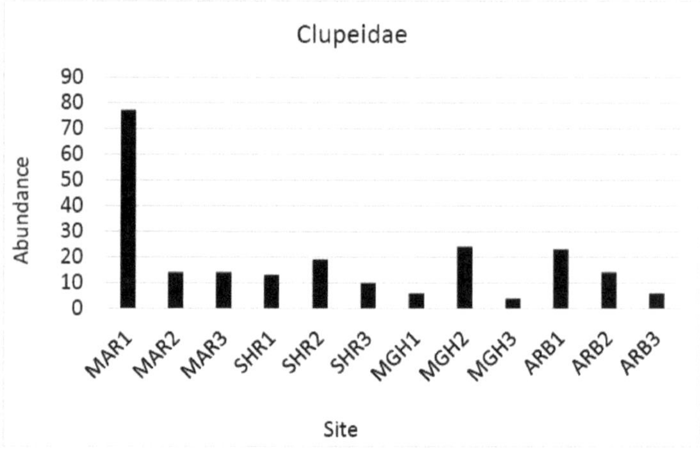

Figura 50. Variações regionais na abundância de larvas da família Clupeidae

Família: Carangidae (Valetes)

Descrição das larvas

Foram encontradas duas espécies de larvas de peixes carangídeos na presente coleção, das quais foram identificadas *Caranax* sp. e *Trachinotus* sp. *Caranax* tem um período de desova prolongado, de abril a junho, sobretudo na região da Arábia, ao passo que as larvas de *Trachinotus* sp. foram recolhidas em maio, sobretudo na zona de Magawish.

Caranax sp.

As larvas de *Caranax* sp. são pequenas pré-flexionadas de 3,3 mm de comprimento com corpo moderadamente alongado. A prega nadadeira é encontrada. A boca é grande. Duas fileiras de espinhos pré-operculares estão presentes. O intestino é longo, estendendo-se muito para além do meio do corpo (59% BL). A cabeça é grande e forma 34% do comprimento do corpo. Existem alguns espinhos na cabeça, incluindo espinhos pré-operculares e suboperculares. As larvas têm um padrão de pigmentação muito caraterístico com três filas de melanóforos que ocorrem dorsal, lateral e ventralmente na cauda. Os melanóforos internos ocorrem na notocorda perto do meio da cauda. Alguns melanóforos estão presentes no intestino e na cabeça (Fig. 92) *Trachinotus* sp.

Descrição das larvas

A larva *de Trachinotus* sp tem uma forma corporal diferente das outras larvas de carangídeos. O corpo é robusto e profundo (BD = 47% BL) com uma cabeça grande que apresenta espinhos muito extensos no opérculo, pré-opérculo e olho. A barbatana dorsal tem 6 espinhos e a barbatana anal tem 3 espinhos. Os raios não estão completamente formados. A larva é altamente pigmentada com melanóforos espalhados por todo o corpo. O tamanho da larva é de 6 mm. O intestino é arredondado e altamente pigmentado e é alongado, formando 73% do comprimento do corpo. A cabeça é grande e forma 33% do comprimento do corpo (Fig.92).

Abundância e distribuição das larvas

As larvas de Carangidae ocorreram durante quase todo o ano, de janeiro a dezembro, e atingiram o seu pico no verão, com a abundância máxima registada em junho e agosto, com 27 e 21 larvas/1000m³ , respetivamente. As larvas de carangídeos apresentaram a menor abundância em fevereiro e março e estiveram completamente ausentes em outubro e novembro (Fig. 93).

A família Carangidae foi a terceira família mais abundante da coleção, logo a seguir a Mullidae e Clupeidae, com 85 larvas/1000 m³ e uma abundância média de 7 larvas (Fig. 90). A maior parte das larvas concentrou-se na ARB3 com uma abundância de 5 larvas/1000m³ e a menor abundância registou-se na MGH3 com uma abundância de 1 larva/1000m³ . As larvas de Carangidae estavam ausentes em SHR1, SHR2, SHR4, MGH1 E ARB1.

Família: Carangidae	*Trachinotus sp.*
Merística	
Myomeres	: (24)
Preanal	: (10)
Pós-anal	: (14)
Barbatanas	
Espinhos dorsais	: 4-6+1 (4+1)
raios dorsais	: 17-27 (23)
Espinhas anais	: (3)
Raios anais	: 17-25 (24)
Pélvica	: I,5
Pectoral	: 16-20 (20)
Caudal	: 17-18 (17)
Ocorrência de larvas	: Em maio
Zonas de abundância	Arábia e Marina
Padrão de história de vida precoce	: Ovíparos com ovos e larvas pelágicos.

Literatura: **Moser et al., 1996**

MORFOMETRIA

	PREFLEXÃO	PÓS-FLEXÃO
Snl/HL	----	26%
ED/HL	----	33%
HL/BL	----	42%
PAL/BL	----	57%
PDL/BL	----	57%
BD/BL	----	42%

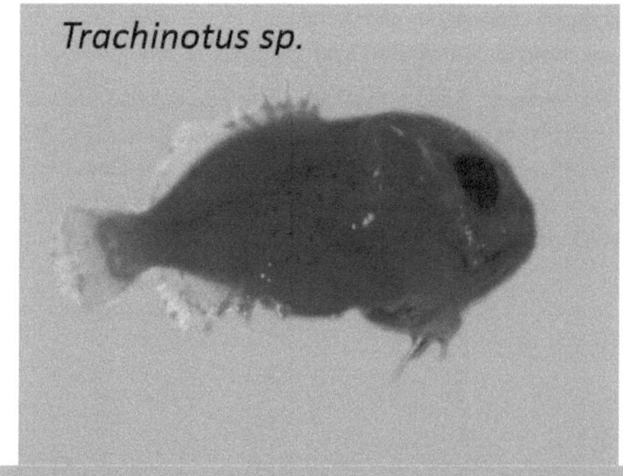

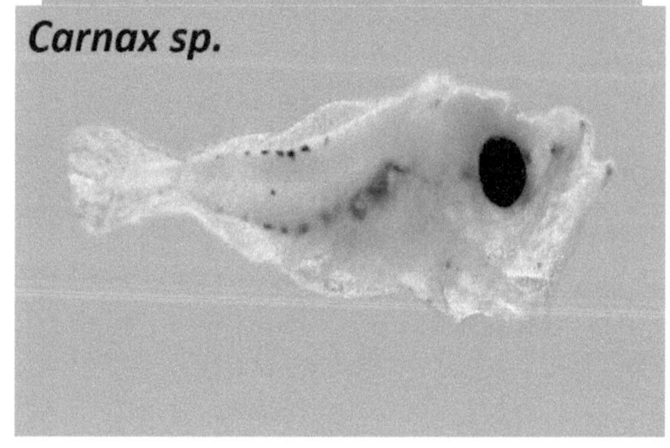

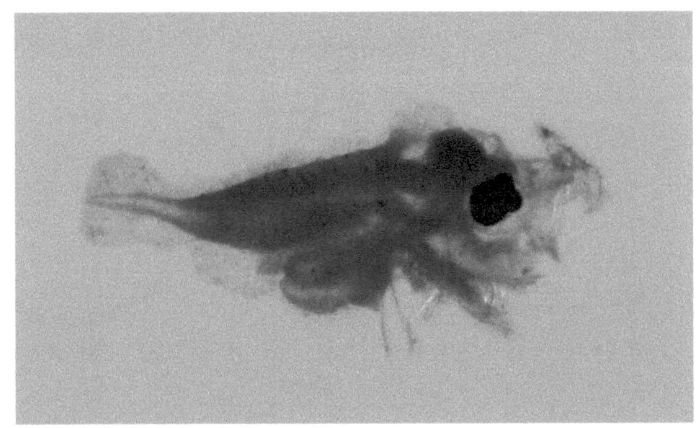

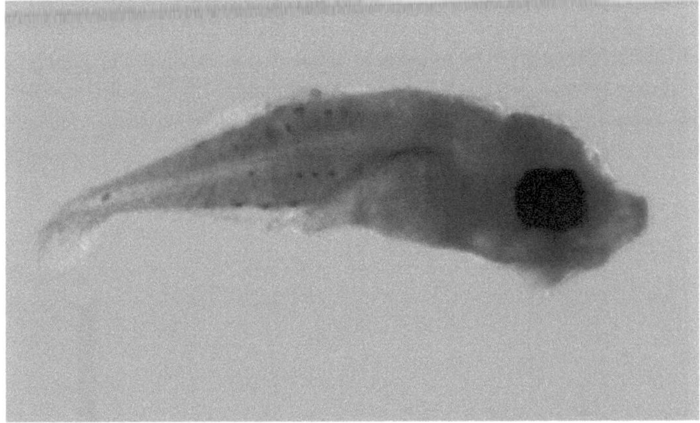

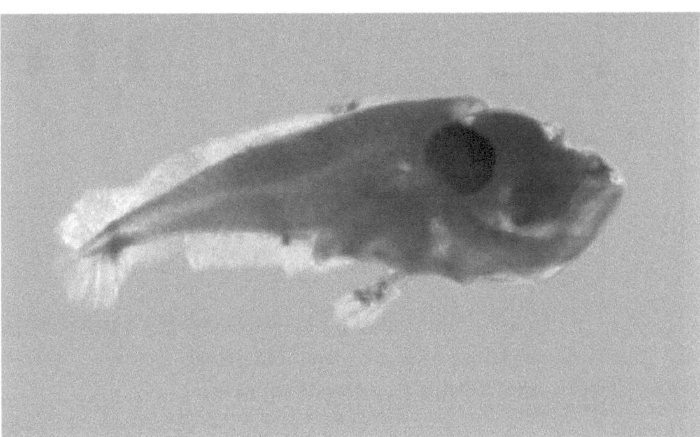

Figura 51. Fases de desenvolvimento de diferentes espécies de carangídeos do Mar Vermelho

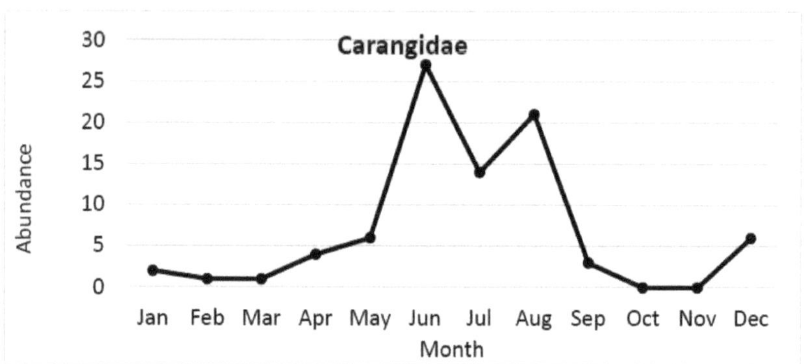

Figura 52. Variações mensais da abundância de larvas da família Carangidae

A maior parte das larvas de carangídeos foi recolhida na região da Arábia, com um pico na ARB2. Um total de 69 larvas, formando 81% de todas as larvas, foram recolhidas na Arábia, das quais 49 larvas (57%) foram recolhidas na ARB2. As larvas de Carangidae foram muito raras noutros locais e mesmo ausentes em 4 estações, 2 na zona de Sheraton e 2 locais em Magawish. Parece que a região da Arábia é preferível para esta família como área de desova.

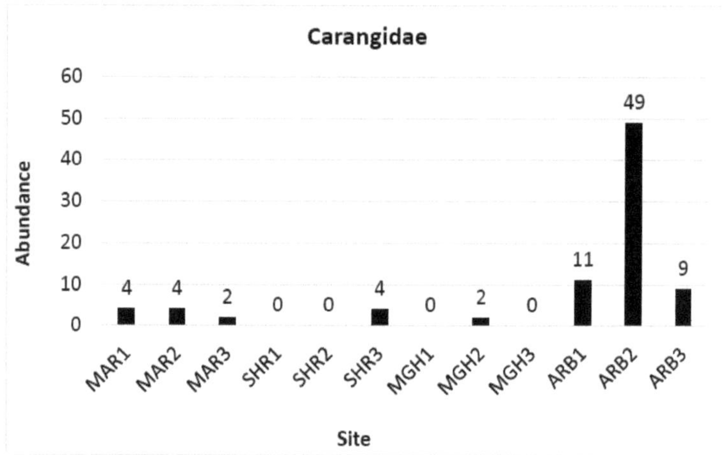

Figura 53. Variações regionais na abundância de larvas da família Carangidae.

Família: Scombridae (cavalas)

Durante todo o período, foi recolhido um total de 77 larvas pertencentes à família Scombridae em todos os locais. A maioria das larvas pôde ser identificada como *Euthynnus* sp. com base nas características morfológicas, especialmente o número de miómeros.

Descrição das larvas.

O corpo é moderadamente profundo e comprimido lateralmente, mais profundo na cabeça e no intestino do que na cauda. O intestino é enrolado e relativamente curto (PAL > 50%BL). A boca é grande, o focinho é alongado, grande e pontiagudo. O maxilar superior projecta-se para além do maxilar inferior. Espinhos pré-operculares proeminentes. Não existe crista supraoccipital.

A larva é ligeiramente pigmentada. Fila de melanóforos presente a meio da parte central da base da barbatana anal, enquanto que na cabeça estão presentes melanóforos estrelados. Pigmento dorsal e anterior na parte superior da placa intestinal (4).

Merística da Família: Scombridae

Myomeres			Fins					
Preanal	Postanal	Total	D	A	P1	P2	C	
13	17	30	IX-XIV,12-16,7-10	11-16, 6-10	30-36		I,5	9+8

Morfometrias da Família Scombridae

Morphometrics	SnL/HL%	ED/HL%	HL/BL%	PAL/BL%	PDL/BL%	BD/BL%
Preflexion	28	42	27-32	55-59	---	20-37
Postflexion	---	---	---	---	---	---

Abundância e distribuição das larvas

As larvas da família Scombridae foram o terceiro taxa mais abundante, com uma abundância total de 77 larvas/1000 m^3 . Constituíram cerca de 3% de todas as larvas recolhidas. As larvas são encontradas de abril a dezembro, exceto em novembro, e atingiram o seu pico em agosto com uma abundância de 36 larvas/1000m^3 e apresentaram a menor abundância em abril e outubro com uma abundância de 1 larva/1000m^3 (Fig. 92). A maior parte das larvas concentrou-se em ARB1, com uma abundância de 11 larvas/1000m^3 , e apresentou a menor abundância em MAR2 e HR3, com uma abundância de 1 larva/1000m^3 (Fig. 93). As larvas de Scombridae estavam ausentes em MAR1, SHR1, SHR2, SHR4 e MGH4.

A maioria das larvas de escombrídeos foi recolhida nas regiões de Magawish e Arabia com picos em ARB2, MGH2 e MGH3 com 19, 17 e 16 larvas/1000m^3 respetivamente. São muito raras ou mesmo ausentes em Sheraton e Marina, onde apenas foram registadas 8 larvas larvas/1000m^3 . Os dados acima mostram que os peixes Scomrid desovam principalmente em Arabia e Magawisgh no verão.

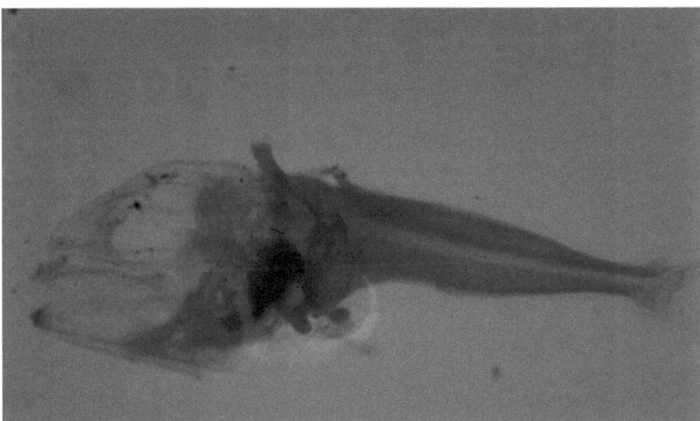

Figura 54. Larvas de *Euthynnus* sp. de 6 mm

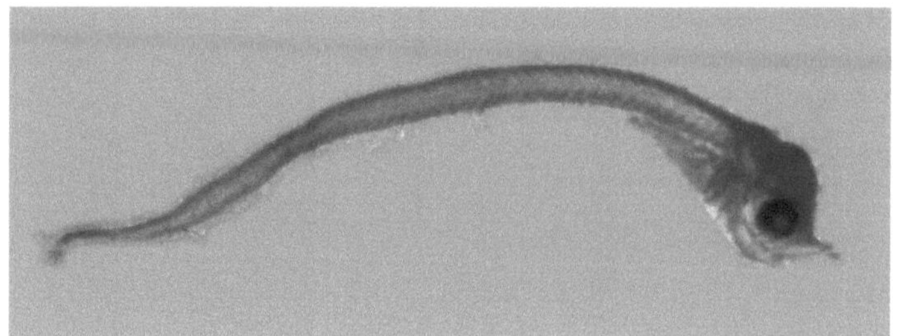

Figura 55. Larvas de peixe escombrídeo sp. de 6 mm

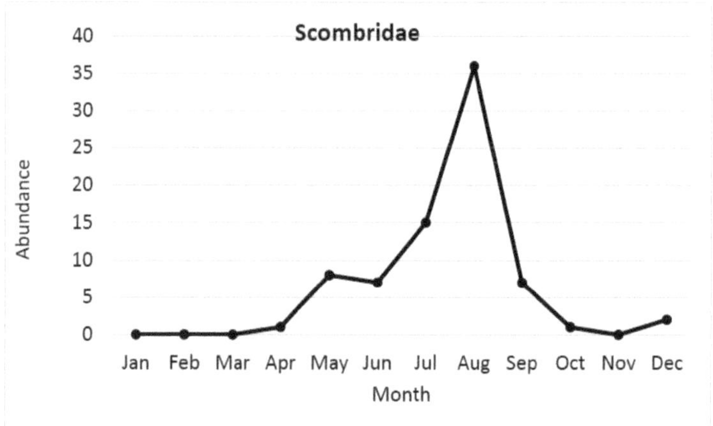

Figura 56. Variações mensais da abundância de larvas de escomrídeos

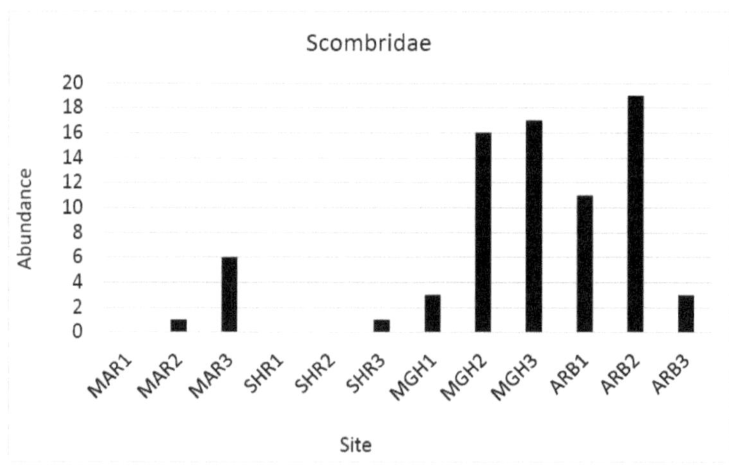

Figura 57. Variações na abundância de larvas de peixe scomrid em diferentes sítios

Família: Gerreidae (Mojarras).

O Gerreidae é um dos peixes comerciais mais importantes do Mar Vermelho, particularmente na zona

62

de Hurghada. As suas larvas são comuns na primavera e no verão. Todas as larvas recolhidas foram identificadas como *Gerres oyena* com base nas características morfológicas.

Descrição das larvas

As larvas gerreídeas caracterizam-se por uma fraca espinação da cabeça, um padrão de pigmentação, o intestino curto e enrolado e o espaço entre a barbatana anal e o ânus. *Gerres oyena*. O seu tamanho variava entre 2,9 e 8,8 mm. As larvas mais pequenas (2,9 mm) são pré-flexionadas com a prega da barbatana ainda presente. A cabeça forma 22% do comprimento total do corpo. O intestino é enrolado e forma 47% a 65% do comprimento do corpo. O olho é redondo. Uma fila de melanóforos encontra-se na linha média ventral do corpo. A forma dos pigmentos varia de estrelado, ramificado a pontuado (5).

Família: Gerridae	*Gerres oyena*
Merística	
Myomeres	: 23-25
Preanall	: 5-10
Pós-anal	: 14-19
Barbatanas	
Espinhos dorsais	: IX-X,
raios dorsais	: 9-11
Espinhas anais	: III
Raios anais	: 7
Pélvica	: I,5
Pectoral	: 15-17
Caudal	: 9+8
Ocorrência de larvas	: Em maio, junho e agosto
Áreas de abundância	SHR1 e MGW2
Padrão de história de vida precoce	: Ovíparos com ...... e larvas pelágicas.
Literatura	:

MORFOMETRIA

	PREFLEXÃO	PÓS-FLEXÃO
Snl/HL	30	35-40
ED/HL	10	9-13
HL/BL	27-35	25-31
PAL/BL	48-61	48-51
PDL/BL	36-46	39-41
BD/BL	20-33	22-26

* O número entre parêntesis refere-se ao(s) espécime(s) estudado(s)

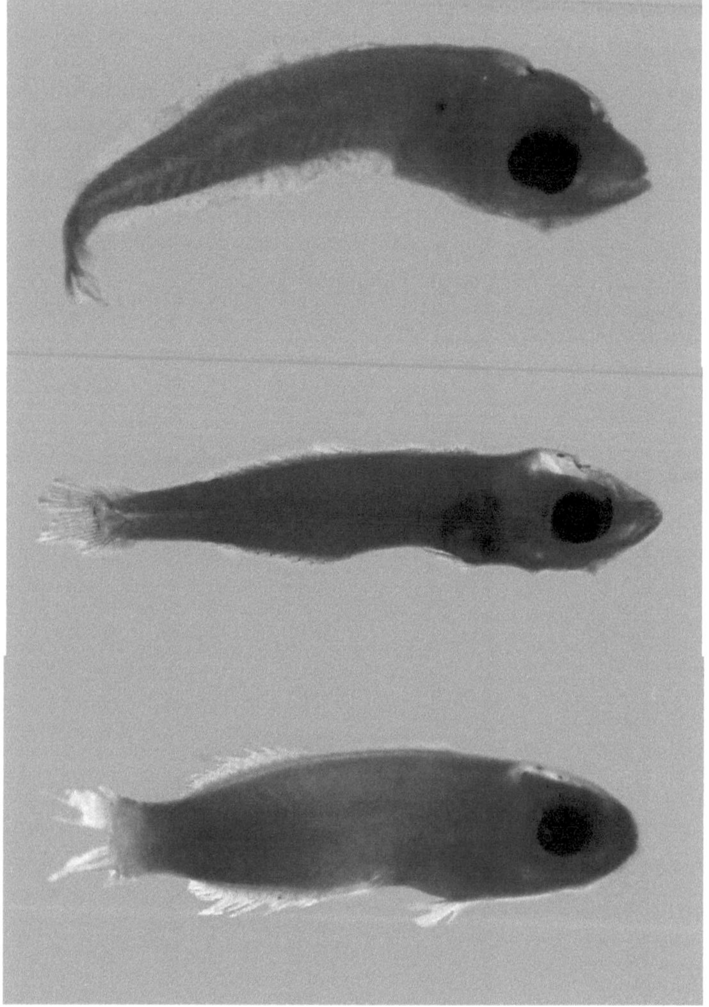

Figura 58. Estádios de desenvolvimento de *Gerres oyena* do mar Vermelho

Abundância e distribuição das larvas

As larvas da família Gerreidae foram a quinta família mais abundante, com uma abundância total de 77 larvas/1000 m^3 . Constituíram cerca de 3% de todas as larvas recolhidas.

A primeira das 77 larvas de gerreídeos apareceu em abril e a abundância aumentou em maio para 14 larvas, o que se crê ser a época de desova desta espécie. Um pico de abundância muito acentuado foi registado em agosto, com 44 larvas. Em setembro, verificou-se um desaparecimento súbito das larvas gerreídeas. A ausência de larvas gerreídeas continuou de outubro a março (Fig. 94).

64

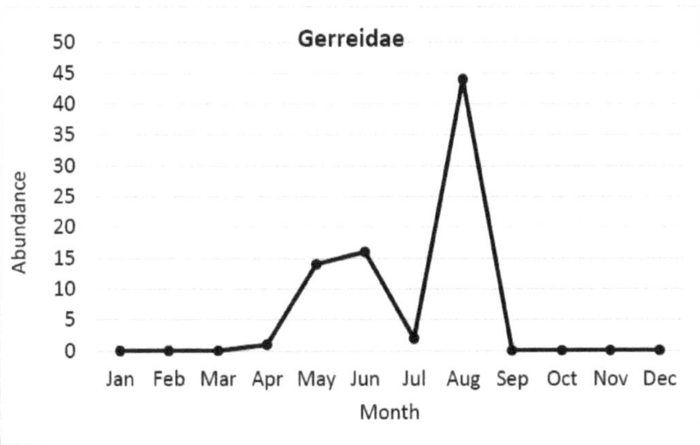

Figura 59. Variações mensais da abundância de larvas da família Gerreidae

As larvas da família Gerreidae estavam limitadas a determinados sítios. A maior parte das larvas foi recolhida em SHR1 e MGH2, onde foram recolhidas 40 larvas e 33 larvas, respetivamente. Uma larva foi recolhida em MGH3, ARB2 e duas larvas foram recolhidas em ARB3. Não foram recolhidas larvas em nenhum dos outros sítios (Fig. 95).

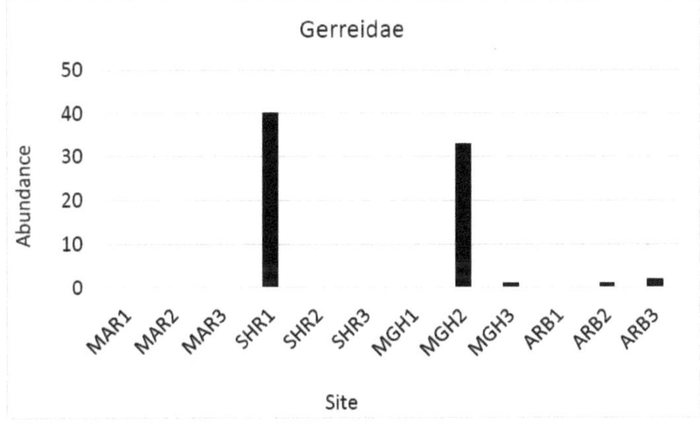

Figura 60. Variações regionais na abundância de larvas da família Gerreidae

Família: Atherinidae (Silversídeos)

Os Silversides foram representados no presente trabalho por 48 larvas/1000m^3 com uma abundância média de 4 larvas/1000m^3 . Foram identificadas duas espécies de peixes aterinídeos, *Atherinomorus lacunosus* e *Hypoatherina temmincki*. A maioria das larvas pertencia *a Atherinomorus lacunosus*, que formava mais de 90% das larvas de atherinídeos.

Descrição das larvas

As larvas de *A. lacunosus* são caracterizadas pela ausência da série ventral dos melanóforos típicos da família. O tamanho das larvas variou de 5 a 20 mm. Aos 5 mm, a larva é pós-flexionada com 35-39 miómeros. A barbatana peitoral está bem desenvolvida, ao passo que o anlagénio das barbatanas dorsal e anal está presente. Os melanóforos estão presentes no dorso, no cérebro, no intestino e na superfície mediana do corpo. Existe um intervalo entre o ânus e a origem da barbatana anal. Nas larvas de 9 mm a anlage da barbatana dorsal está formada e as barbatanas peitorais e caudais estão bem desenvolvidas. Aos 14,5 mm estão formadas a barbatana anal e a segunda barbatana dorsal. A barbatana pélvica também está formada. Três melanóforos ocorrem no lado dorsal do corpo. Um grande melanóforo estrelado, para além de pequenos melanóforos presentes atrás do olho e um no focinho. Aos 17,5 mm estão formados todos os elementos das barbatanas, incluindo a primeira barbatana dorsal espinhosa.

Hypoatherina temmincki

As larvas desta espécie são caracterizadas pela presença de duas filas dorsais nas posições dos raios das barbatanas e uma fila dorsal para além das barbatanas. Existem duas filas ventrais de melanóforos, para além de uma fila mediana. O tamanho das larvas variou entre 5,5 e 12,5 mm. As larvas mais pequenas eram flexionadas com um intestino curto que forma cerca de 22% do comprimento do corpo. As larvas com mais de 5,5 mm de comprimento são pós-flexionadas, mas não possuem barbatanas, nem anlage de barbatanas. O botão peitoral está presente. Aos 6 mm, começam a formar-se as segundas barbatanas dorsal e anal; existe um espaço entre o ânus e a origem da barbatana anal. O comprimento do intestino aumenta para 30% do comprimento do corpo. Estão presentes duas filas de pigmentos na posição da barbatana dorsal e apenas uma fila para além da posição da barbatana dorsal. Existem também duas filas ventrais e uma fila intermédia de pigmentos. A 8 mm, a barbatana anal e a segunda barbatana dorsal estão completas; a anlage da primeira barbatana dorsal espinhosa está presente. Aparece um pigmento na base da barbatana caudal. Aos 12 mm, a primeira barbatana dorsal espinhosa está presente, o botão pélvico está formado. Aparece pigmento nas maxilas superior e inferior e na placa do pedúnculo caudal (6).

Abundância e distribuição das larvas

As larvas da família Atherinidae foram o sexto taxa mais abundante, com uma abundância total de 48 indivíduos/1000 m^3 . Quase todas as larvas foram encontradas em agosto, com exceção dos meses de janeiro e abril, em que se registou uma larva cada (Fig. 96). As larvas desta família não apresentam um padrão claro de distribuição regional. Foram recolhidas na maior parte dos sítios. Foram abundantes na região de Marina, frequentes em Magawish e raras em Sheraton e Arabia. As larvas de Atherinid foram mais abundantes em MAR1 com 26 larvas/1000m^3 seguido de Magawish 3 (MGH3) (Fig. 97).

Toda a população de atherinídeos foi dominada por *Atherinomorous lacunosus* e apenas duas larvas de *Hypoatherina temmincki* foram recolhidas em agosto na região da Marina.

Família: Atherinidae	*Atherinomorus lacunosus*
Merística	
Myomeres	35-47 (39)
Preanall	4-17 (7)
Pós-anal	(32)
Barbatanas	
Espinhos dorsais	4-7 +1 (6+1)
raios dorsais	8-10 (10)

Espinhas anais	1
Raios anais	9-13 (10)
Pélvica	I,5
Pectoral	15-19 (15)
Caudal	9+8

Ocorrência de larvas	Pico em agosto
Áreas de abundância	Marina e Magawish
Padrão de história de vida precoce	Ovíparos com ovos demersais e larvas pelágicas.
Literatura	**Leis e Rennis, 1983**

MORFOMETRIA

	PREFLEXÃO	PÓS-FLEXÃO
Snl/HL		20%
ED/HL		40-46%
HL/BL		20%
PAL/BL		23-36%
PDL/BL		-58-63%
BD/HL		11%

* O número entre parêntesis refere-se ao(s) espécime(s) estudado(s)

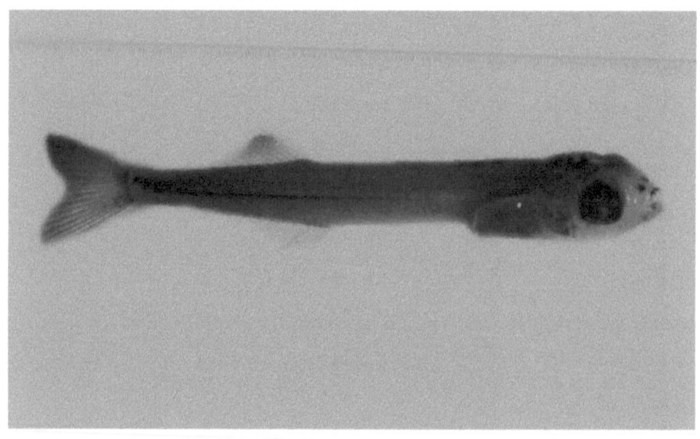

Figura 61. Fases de desenvolvimento do *Atherinomorous lacunosus*

Família: Atherinidae *Hypoatherina temmincki*

Merística

Myomeres	35-47 (39)
Preanall	4-17 (7)
Pós-anal	(32)

Barbatanas

Espinhos dorsais	: VI-VII+I, 8-12
raios dorsais	: 8-12 (10)
Espinhas anais	: 1
Raios anais	: 9-15 (13)
Pélvica	: I,5
Pectoral	: 30-20 (15)
Caudal	: 9+8

Ocorrência de larvas	Pico em agosto
Áreas de abundância	Marina e Magawish
Padrão de história de vida precoce	Ovíparos com ovos demersais e larvas pelágicas.
Literatura	**Leis e Rennis, 1983**

MORFOMETRIA

	PREFLEXÃO	PÓS-FLEXÃO
Snl/HL		28%
ED/HL		57%
HL/BL		16%
PAL/BL		31%
PDL/BL		61%
BD/HL		12%

* O número entre parêntesis refere-se ao(s) espécime(s) estudado(s)

Figura 62. Vista dorsal (acima) e vista lateral de larvas de *Hypoatherina temmincli*

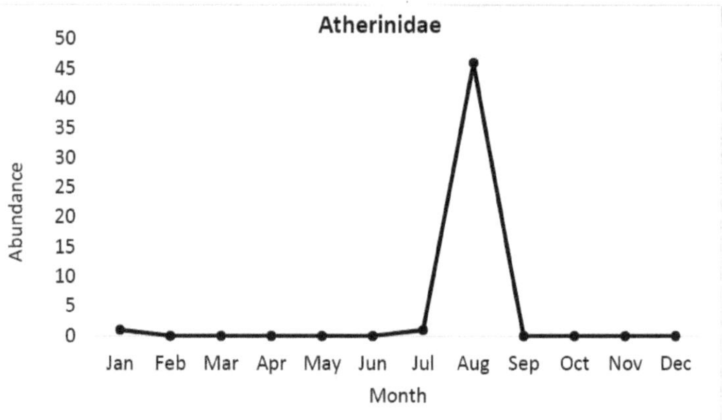

Figura 63. Variações mensais na abundância de larvas da família Atherinidae.

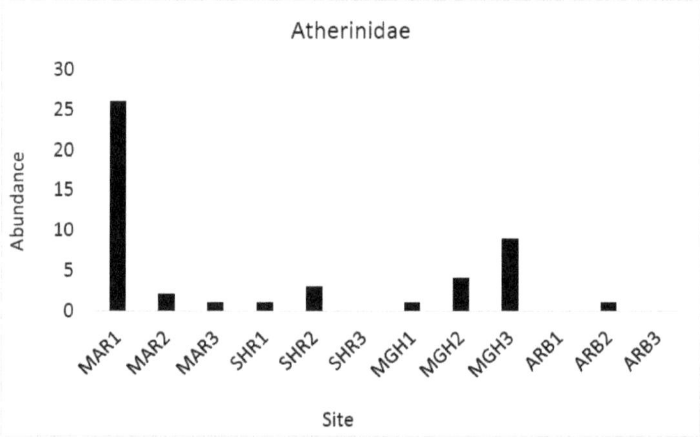

Figura 64. Variações regionais na abundância de larvas da família Atherinidae

Família: Scaridae (Papagaios)

A família Scaridae é um dos peixes comerciais mais importantes do Mar Vermelho. Com 19 espécies, esta família contribui consideravelmente para a captura total de peixes no Mar Vermelho. No total, foram encontradas 45 larvas de escarídeos durante o ano de amostragem. Embora tenham sido recolhidos mais de dois tipos de larvas de escarídeos, estas não foram identificadas ao nível da família.

Descrição das larvas

As larvas têm um corpo alongado com 25 miómeros, dos quais 9 são miómeros pré-anais. O intestino é rugoso e estende-se ligeiramente para além do meio do corpo (55%BL). Apresenta uma constrição na extremidade posterior. A cabeça é pequena, formando 21% do comprimento do corpo, com um focinho redondo e pontiagudo. A boca é pequena e mal alcança o bordo anterior do olho. A barbatana está ainda presente e a barbatana peitoral está formada. O olho é pequeno e de forma retangular. As larvas são ligeiramente pigmentadas com pigmentos sobre o intestino imediatamente antes do ânus. Os pigmentos também ocorrem ao longo da linha média ventral e da linha média dorsal da placa do pedúnculo caudal (7).

Figura 65. Larvas pré-flexionadas de peixes escarídeos

Abundância e distribuição das larvas

As larvas da família Scaridae foram uma das 10 famílias mais abundantes registadas durante o presente trabalho, com uma abundância total de 45 larvas/1000 m^3 . As larvas são encontradas de junho a agosto e atingiram o seu pico em agosto com uma abundância de 19 larvas/1000 m^3 e em junho com uma abundância de 15 larvas/1000m^3 . A menor abundância de bodiões foi recolhida em setembro (uma larva). (Fig. 98).

Família: Scarídeos

Merística	
Myomeres	25
Preanall	9-13
Pós-anal	12-16
Barbatanas	
Espinhos dorsais	9
raios dorsais	10
Espinhas anais	3
Raios anais	9
Pélvica	I,5
Pectoral	15-16
Caudal	9+8
Ocorrência de larvas	junho a agosto (agosto)
Áreas de elevada abundância	Magawish
Padrão de história de vida precoce	Ovíparos com ovos demersais e larvas pelágicas.
Literatura	**Leis e Rennis, 1983**

MORFOMETRIA

	PREFLEXÃO	PÓS-FLEXÃO
Snl/HL	6	
ED/HL	39	
HL/BL	18-23	
PAL/BL	49-61	
PDL/BL	---	
BD/HL	14-17	

* O número entre parêntesis refere-se ao(s) espécime(s) estudado(s)

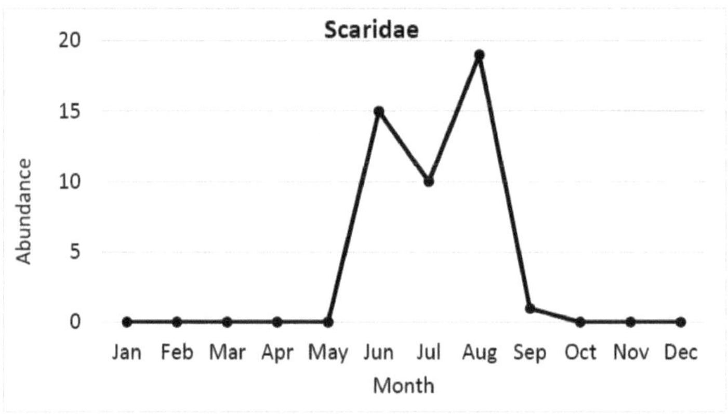

Figura 66. Variações mensais da abundância de larvas da família Scaridae

A maior parte das larvas foi recolhida na zona de Magawish, com 28 larvas, constituindo 62% de todas as larvas de escarídeos recolhidas neste local. Elas foram recolhidas em densidades quase iguais em Marina e Arabia com 10 e 8 larvas/1000m³ respetivamente. As larvas de peixe-papagaio estavam totalmente ausentes da área de Sheraton (Fig. 99).

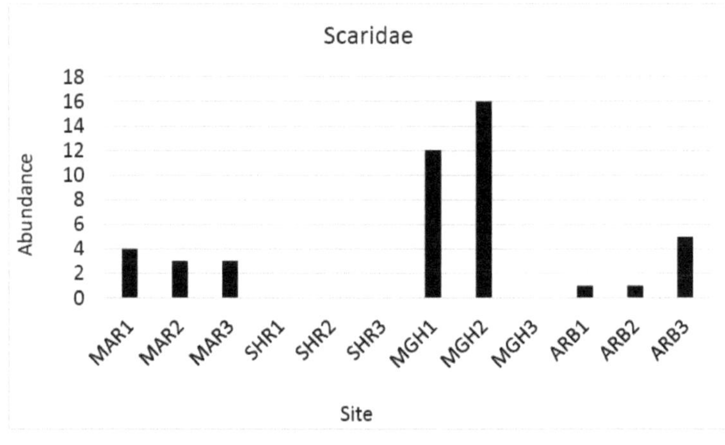

Figura 67. Variações regionais na abundância de larvas da família Scaridae

Um total de 44 larvas pertencentes à família Sphyraenidae foram recolhidas durante o período de estudo e identificadas. As larvas foram consideradas comuns, uma vez que constituíam cerca de 2% de todas as larvas recolhidas. Todas as larvas foram identificadas como *Sphyraena barracuda*.

Descrição das larvas

As principais características das larvas de esferenídeos são o intestino alongado e reto, o focinho e o corpo alongados, os dentes minúsculos, os espinhos pré-operculares minúsculos e a pigmentação caraterística. As larvas são comprimidas lateralmente e têm 24 miómeros, dos quais 13-17 são miómeros pré-anais. O intestino é reto e longo, estendendo-se até bem depois do meio do corpo. As estrias ao longo do intestino são visíveis. A cabeça é alongada e o focinho é pontiagudo e achatado dorsoventralmente. A boca é grande, mas mal alcança o bordo anterior do olho. O olho é grande e redondo. Estão presentes dois pequenos espinhos pré-operculares.

Sphyraena barracuda

As larvas desta espécie encontravam-se nos estádios de pré-flexão e pós-flexão. O tamanho variava entre 3,5 e 23 mm. As larvas de pré-flexão têm a prega da barbatana e o botão peitoral. Os pigmentos ocorrem no intestino, no focinho e nas linhas médias ventral e dorsal. As larvas maiores têm todas as barbatanas formadas. O anlagen da barbatana dorsal e da barbatana anal estão presentes. Os dentes caninos são visíveis.

A Sphyraena é pequena (3 mm) e preflexionada. Não possui pigmentos no focinho. Estão presentes 4 melanóforos no lado dorsal do corpo e dois melanóforos no lado ventral.

Família: Sphyraenidae	*Sphyraena barracuda*
Merística	
Myomeres	24
Preanall	13-17 (14)
Pós-anal	7-11 (10)
Barbatanas	
Espinhos dorsais	5+1
raios dorsais	8-10
Espinhas anais	2
Raios anais	7-9
Pélvica	I,5
Pectoral	12-16
Caudal	9+8
Ocorrência de larvas	Todo o ano
Áreas de elevada abundância	Todos os domínios
Padrão de história de vida precoce	Ovíparos com ovos e larvas pelágicos
Literatura	**Leis e Rennis, 1983; Watson & Sandknop,1996**

MORFOMETRIA

	PREFLEXÃO	PÓS-FLEXÃO
Snl/HL	40	45%
ED/HL	30	30%
HL/BL	28	36%
PAL/BL	65	71%
PDL/BL	---	71%
BD/BL	15	12%

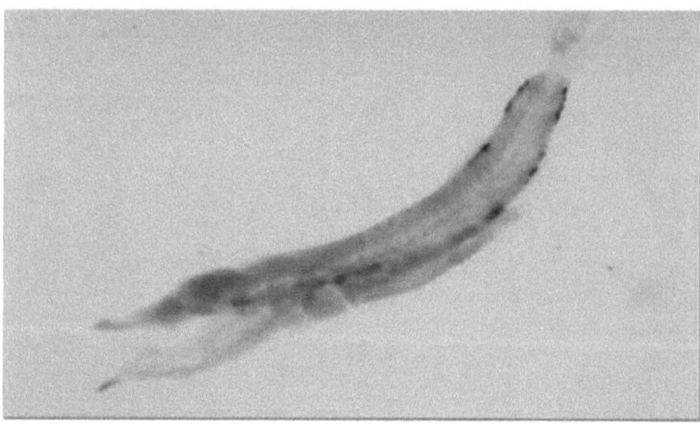

Figura 68. Larvas de *Sphyraena barracuda* de 7 mm

Abundância e distribuição das larvas

As larvas de barracuda foram recolhidas durante todo o ano, exceto em fevereiro e março. Não apresentaram um padrão claro de distribuição. O seu pico foi registado em maio, junho e setembro e a sua ausência em fevereiro, março e outubro (Fig. 100).

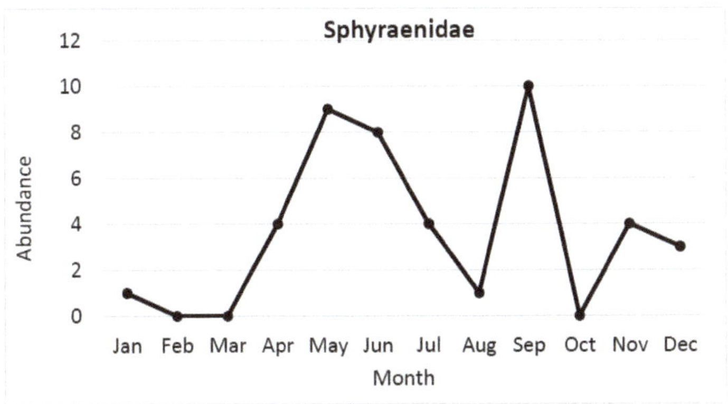

Figura 69. Variações mensais da abundância de larvas da família Sphyraenidae

Foram recolhidas larvas de Sphyraenidae em todos os locais, com a abundância máxima no MGH1. Em geral, as larvas de barracuda eram mais comuns em Magawish do que noutras zonas (Fig. 101). A sua abundância é mais baixa na região da Arábia, onde foram recolhidas 6 larvas.

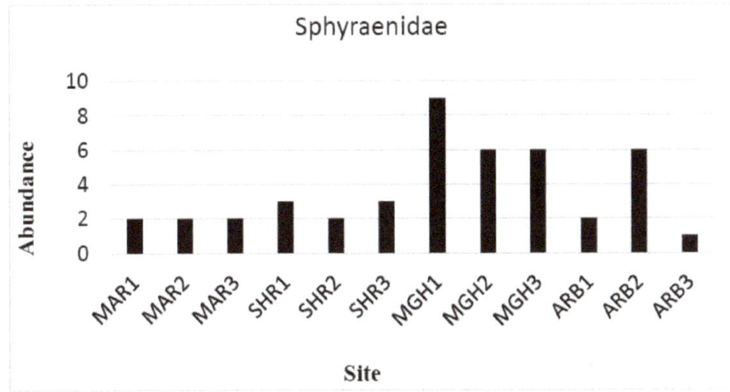

Figura 70. Variações regionais na abundância de larvas da família Sphyraenidae

Família: Monacanthidae

Os peixes-ficheiro da família Monacanthidae são peixes de recife de coral muito importantes no Mar Vermelho. Foram representados por 32 larvas no presente trabalho. A maior parte das larvas eram grandes e pós-flexionadas e pertenciam a uma única espécie.

Descrição das larvas

Corpo profundo e fortemente comprimido lateralmente. O intestino é compactamente enrolado, com o ânus a atingir cerca de 30% do comprimento total. A cabeça é grande, ovada, com um focinho ligeiramente côncavo. A boca é pequena, não alcançando o olho. O olho é grande e redondo. Pequenos espinhos presentes na interorbita, juntamente com espinhos dorsais e pélvicos farpados. A larva é moderadamente pigmentada. Pigmentação intensa presente dorsalmente no intestino e ventralmente ao longo da linha média da cauda. Pequena pigmentação também dispersa na placa da cabeça (8).

Merística da família Monacanthidae

Myomeres			Fins				
Preanal	Postanal	Total	D	A	P1	P2	C
		19	II+24-34	27-34	11-13	---	12

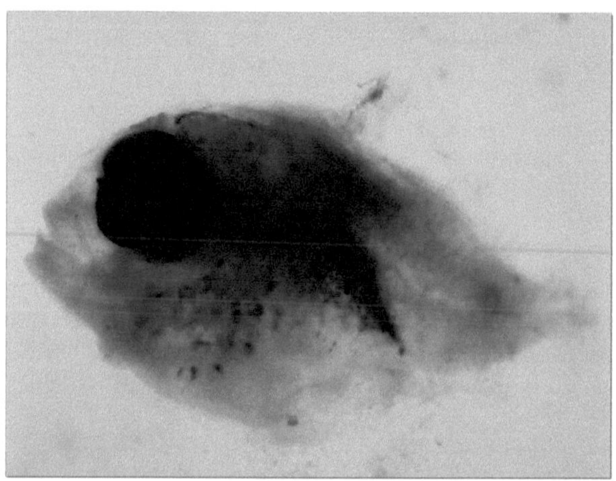

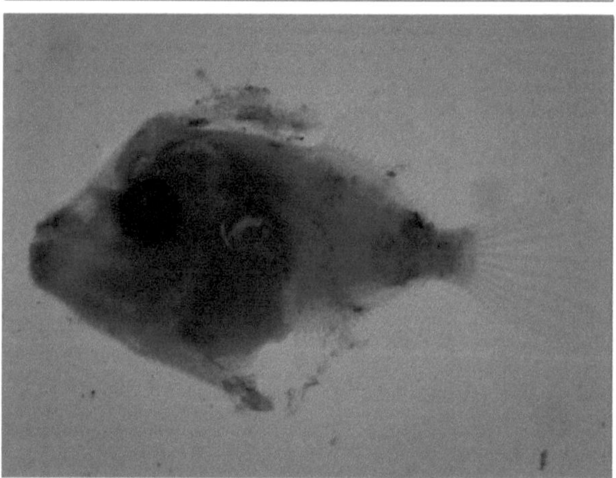

Figura 71. Larvas de larvas de monacantídeos de 5 mm (em cima) e 7 mm (em baixo)

Abundância e distribuição das larvas.

As larvas da família Monacanthidae são os taxa menos abundantes, com uma abundância total de 32 larvas/1000 m^3 . Quase todas as larvas de peixe-ficheiro foram capturadas em agosto, onde foram recolhidas 31 larvas, constituindo 96% de todas as larvas, e apenas uma larva foi capturada (Fig. 102).

76

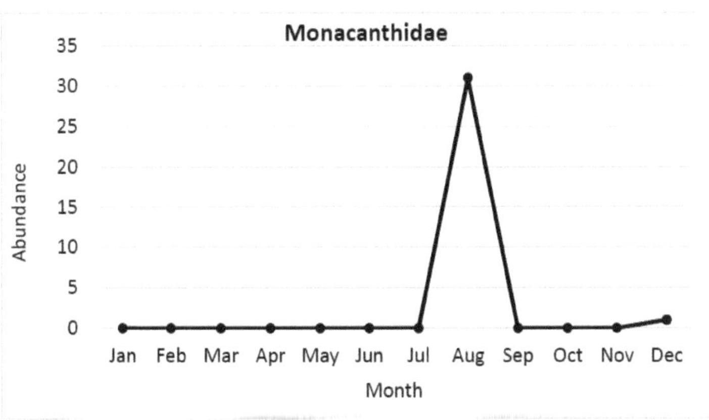

Figura 72. Variação mensal da abundância de larvas de monacantídeos

Variações mensais na abundância larvar da família Monacanthidae

A maioria das larvas de filefish foram recolhidas do Sheraton 3 onde 30 larvas formando 93% de todas as larvas foram recolhidas do SHR3 (Fig. 103).

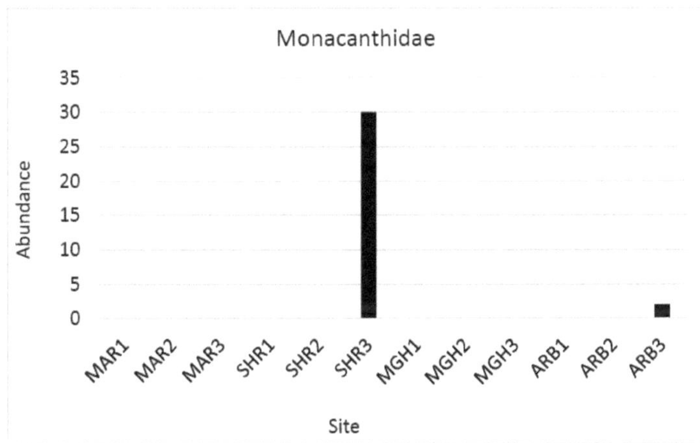

Figura 73. Variações regionais na abundância de larvas da família Monacanthidae

Família: Serranidae (Garoupas)

A família Serranidae contém um grupo de peixes comerciais muito importante no Mar Vermelho: as garoupas. Esta família é representada por um grande número de espécies. No entanto, são muito raras na coleção de ictioplâncton. Durante o período de estudo, foram recolhidas duas espécies de *Epinephelus*.

Descrição das larvas

As larvas desta espécie têm um corpo moderado a muito profundo e lateralmente comprimido a ovoide, com pedúnculo caudal estreito e 24-26 miómeros. As larvas de 1,8 mm são pré-flexionadas e tendem a ser corcundas. O intestino é enrolado e estende-se até meio do corpo (59%BL). Uma pequena bexiga gasosa está localizada acima do intestino. A cabeça é grande, com um focinho curto, redondo a truncado e moderadamente inclinado. A boca grande ultrapassa o meio do olho. Estão presentes espinhos pré-operculares e operculares. O intestino é enrolado e estende-se até 59% do comprimento do corpo. Os pigmentos encontram-se na extremidade posterior do intestino. Também ocorrem na margem dorsal do tronco e na margem ventral da placa intestinal (9).

Família: Serranidae

Subfamília: Epinephelinae   *Epinephilus sp.*

Merística	
Myomeres	23-25 (25)
Preanal	9-11(14)
Pós-anal	13-15 (14)
Barbatanas	
Espinhos dorsais	11-12
raios dorsais	12-18
Espinhas anais	3
Raios anais	7-8
Pélvica	I,5
Pectoral	16-20
Caudal	15
Ocorrência de larvas	agosto
Zonas de elevada abundância	Marina e Sheraton
Padrão de história de vida precoce	Ovíparos com ovos e larvas pelágicos.
Literatura	**Leis e Rennis, 1983; Leis, 1986**

MORFOMETRIA

	PREFLEXÃO	PÓS-FLEXÃO
Snl/HL	30%	-
ED/HL	30%	-
HL/BL	35%	-
PAL/BL	53%	-
PDL/BL	35%	-
BD/HL	17%	-

* O número entre parêntesis refere-se ao(s) espécime(s) estudado(s)

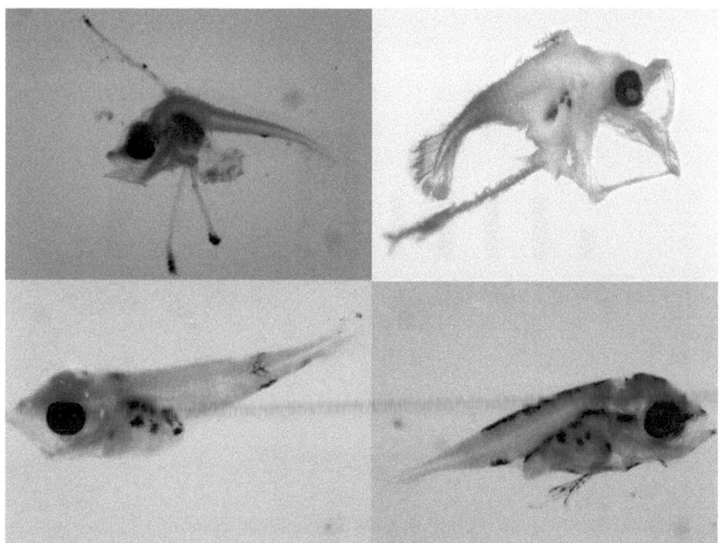

Figura 74. Larvas de diferentes peixes serranídeos; *Epinephelus* sp., Larvas serranídeas

Abundância e distribuição das larvas:

Todas as larvas de *Epinephelus*, com exceção de duas, foram recolhidas em agosto, tendo sido recolhidas 18 das 20 larvas. As outras duas larvas foram recolhidas em novembro (Fig. 104). As larvas desta família tendem a ser comuns em Marina e Sheraton, e muito raras em Magawish e Arabia (Fig. 105).

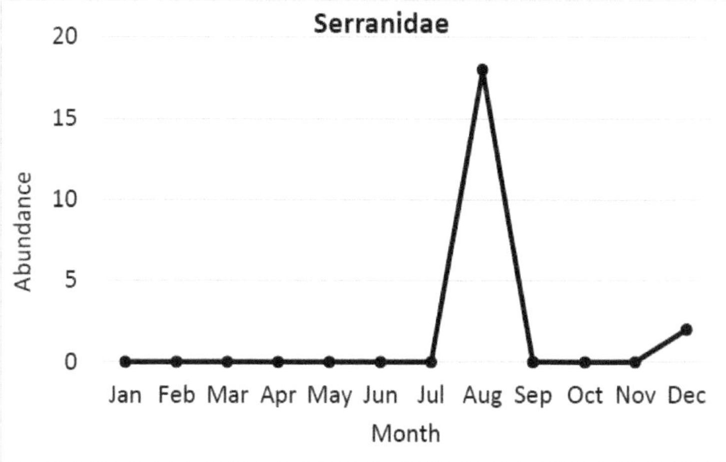

Figura 75. Variações mensais da abundância de larvas da família Serranidae

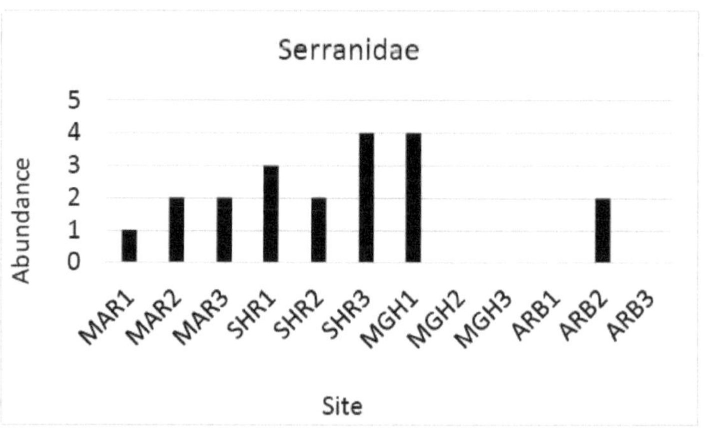

Figura 76. Variações regionais na abundância larvar da família: Monacanthidae

Família: Mugilidae (Tainhas)

Foi recolhido um total de 14 larvas/1000m³ durante o período de estudo.

Descrição das larvas

As larvas não puderam ser identificadas abaixo do nível da família. Inicialmente, são moderadamente alongadas, com um intestino reto que se estende até cerca de 60 % do comprimento do corpo. A cabeça é moderada, com olhos grandes, ligeiramente ovais a redondos, e um focinho arredondado. Não existem espinhos na cabeça ou na cintura peitoral. Aos 4 mm, as larvas encontram-se na fase de pós-flexão, com o corpo moderadamente alongado. Todos os elementos das barbatanas estão presentes. O comprimento pré-anal é de 80%, o comprimento da cabeça é de 37% e a profundidade do corpo é de 29% do comprimento do corpo. As larvas de tainha são moderada a fortemente pigmentadas inicialmente, com melanóforos principalmente no dorso ou no ventre, ou cobrindo quase todo o corpo. Posteriormente, as larvas tornam-se (ou permanecem) muito pigmentadas, muitas vezes com uma pigmentação mais densa no dorso, na faixa lateral intermédia e na margem ventral da cauda (10).

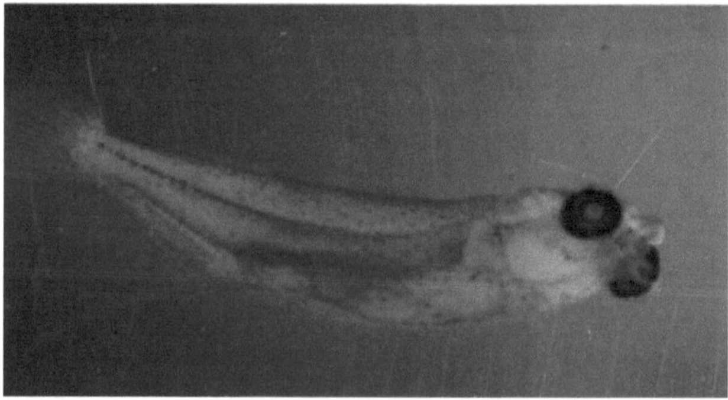

Figura 77. Larvas de mugilídeos de 4 mm

Família:. Mugilidae

Merística

Myomeres	:(24)
Preanal	: 11-12(11)
Pós-anal	: 12-13 (13)

Barbatanas

Espinhos dorsais	: (4+1)
raios dorsais	: (9)
Espinhas anais	: (3)
Raios anais	: (10)
Pélvica	: I,5
Pectoral	: (15)
Caudal	: (8+7)

Ocorrência de larvas	Em julho
Zonas de elevada abundância	: Arábia
Padrão de história de vida precoce	: Ovíparos com ovos e larvas planctónicos.
Literatura:	: **Russell, 1976; Watson & Sandknop, 1996**

MORFOMETRIA :

	PREFLEXÃO	PÓS-FLEXÃO
Snl/HL		33-37%
ED/HL		25-33%
HL/BL		32-37%
PAL/BL		72-81%
PDL/BL		58%
BD/BL		20-25%

* O número entre parêntesis refere-se ao(s) espécime(s) estudado(s)

Abundância e distribuição das larvas.

As larvas da família Mugilidae tiveram uma abundância muito baixa, com uma abundância total de 14 larvas/1000 m^3 . As larvas são encontradas de maio a dezembro, exceto em junho, outubro e novembro, com um pico em julho, com uma abundância de 7 larvas/1000m^3 e a menor abundância em maio e dezembro, com uma abundância de 1 larva/1000m^3 (Fig. 106). A maior parte das larvas concentrou-se nas ARB2 e ARB3 com uma abundância de 3 larvas/1000m^3 e apresentaram a menor abundância nas MAR1, SHR1, SHR4e ARB1 com uma abundância igual de 1 larva/1000m^3 (Fig. 107). As larvas de Mugilidae estavam ausentes em MAR2, MAR3, SHR2, MGH1, MGH2 e MGH4.

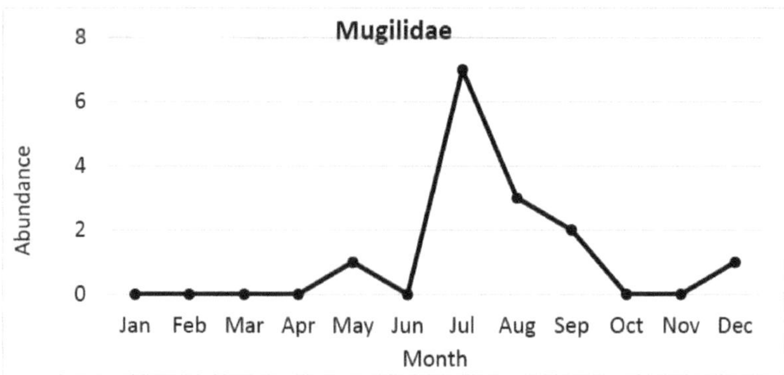

Figura 78. Variações mensais da abundância de larvas da família Mugilidae

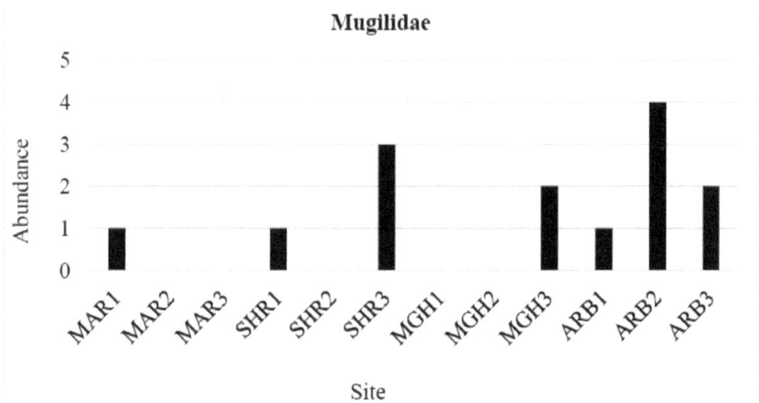

Figura 79. Variações regionais na abundância larvar da família: Mugilidae

Família: Hemirhamphidae (Bicos-de-papagaio)

Um total de 13 larvas foram recolhidas durante o período de estudo e identificadas como *Hyporhamphus gamberur, Euleptramphus viridis e Hemirhamphus far*. A maioria das larvas pertencia a *H. gamberur*

Descrição das larvas

O tamanho das larvas de *H. gamberur* recolhidas variou entre 5,2 e 32 mm. Com 2,5 mm, as larvas encontram-se na fase de pós-flexão. As larvas são alongadas, delgadas e cilíndricas, com 45 a 47 miómeros, dos quais 39 são pré-anais. Têm um intestino muito longo (o comprimento pré-anal forma 70 a 80% da BL). As barbatanas dorsal e anal estão situadas posteriormente no corpo. Estão presentes anlagen das barbatanas dorsal e anal, botões pélvicos e peitorais. As mandíbulas inferior e superior são quase iguais em comprimento. Nas larvas de 9 mm, começam a formar-se as barbatanas anal e dorsal e a mandíbula inferior começa a aumentar de comprimento. Aos 12 mm formam-se as barbatanas anal e dorsal. O comprimento da mandíbula inferior é inferior a 1 mm, formando 41% do comprimento da cabeça. As larvas de 21 mm têm todas as barbatanas completas. O comprimento do maxilar inferior é de 3 mm, formando 50% do comprimento da cabeça. Aos 32 mm de comprimento, o maxilar inferior tem um comprimento de 10 mm. A pigmentação das larvas varia de moderadamente clara a pesada. Tipicamente, existem duas filas longitudinais dorsais de melanóforos e uma fila ao longo da linha média lateral. O bico e o intestino são fortemente pigmentados (11).

Figura 80. Larvas de *Hyporhamphus gamberur.* de 6 mm (em cima) e 8 mm (em baixo)

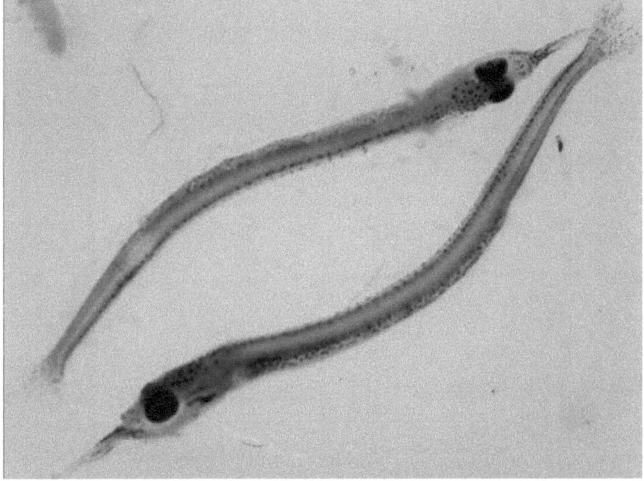

Figura 81. Larvas de diferentes espécies de Euleptorhamphus virdis

83

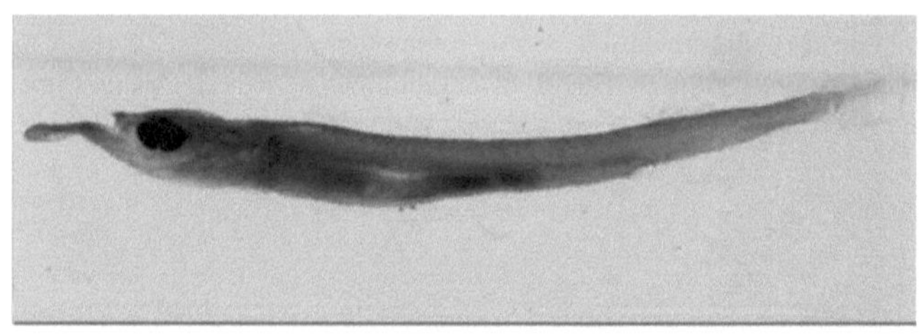

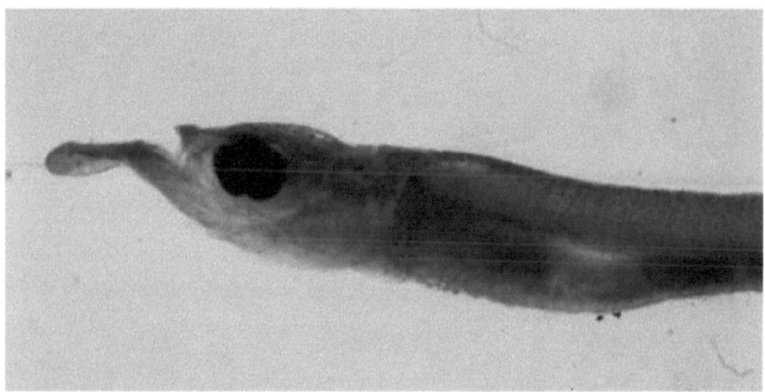

Figura 82. Larvas de diferentes espécies de Hemirhamphus sp.

Família: Hemirhamphidae

Hyporhamphus gamberur.

Merística	
Myomeres	(47)
Preanal	(39)
Pós-anal	(8)
Barbatanas	
Espinhos dorsais	0
raios dorsais	(14)
Espinhas anais	0
Raios anais	(14)
Pélvica	(6)
Pectoral	(10)
Caudal	(15)
Ocorrência de larvas	As larvas foram recolhidas de maio a outubro
Zonas de elevada abundância	Marina e Arábia
Padrão de história de vida precoce	Ovíparos com ovos ligados ao substrato através de filamentos e larvas pelágicas.
Literatura	**Watson, 1996**

MORFOMETRIA :

	PREFLEXÃO	PÓS-FLEXÃO
Snl/HL		20%
ED/HL		26-30%
HL/BL		18-20%
PAL/BL		74-76%
PDL/BL		75-76%
BD/BL		10-11%
		LJ/BL

* O número entre parêntesis refere-se ao(s) espécime(s) estudado(s)

Abundância e distribuição das larvas

As larvas da família Hemirhamphidae foram abundantes, com uma abundância total de 10 larvas/1000 m^3 . As larvas de halfbeaks não apresentaram um padrão claro de distribuição. As larvas foram recolhidas apenas em 5 meses: fevereiro, maio, julho, agosto e setembro. As larvas tiveram a menor abundância em maio e agosto, com 4 larvas, seguidas de fevereiro com 3 larvas (Fig. 108).

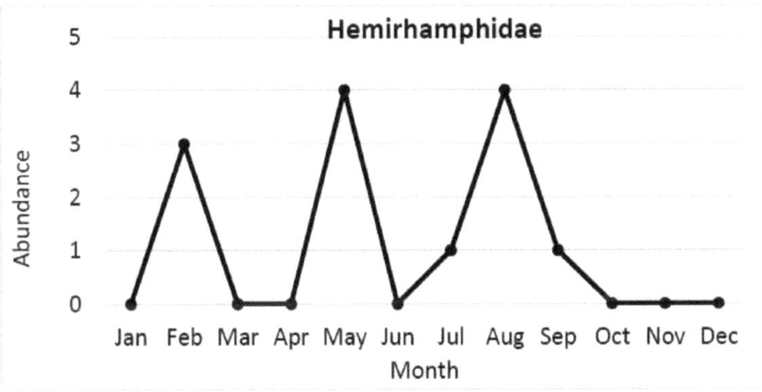

Figura 83. Variações mensais na abundância de larvas da família Hemirhamphidae.

As larvas de hemiramfídeos foram recolhidas na Marina e na Arábia e estavam ausentes noutros locais (Fig. 109).

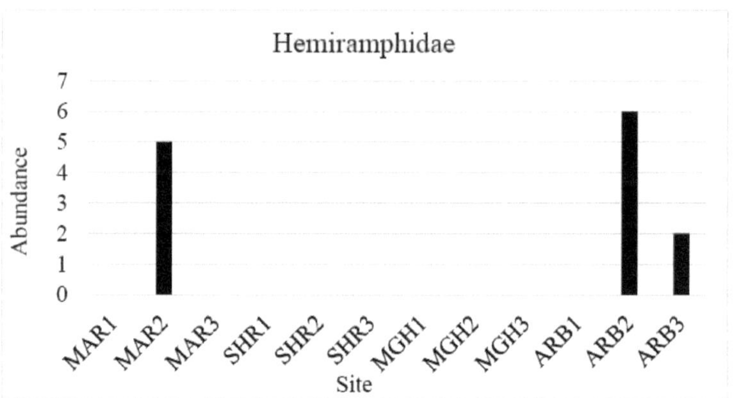

Figura 84. Variações regionais na abundância de larvas da família Hemirhamphidae

Os restantes taxa registaram uma abundância total inferior a 10 larvas/m^3 e, consequentemente, a abundância média foi inferior a 1larva/1000m^3 . As larvas da família Labridae foram recolhidas em julho e agosto na região da Arábia. As larvas de Lutjanidae (família: Lutjanidae) foram recolhidas no verão em MHG3 e ARB1 (Quadro 13). A nova família de Coryphaenidae (peixe golfinho - mahi mahi) foi recolhida no Sheraton 3 (SHR3) em fevereiro (quadro 13).

Família: Coryphaenidae (Mahi mahi)

Duas larvas pertencentes a esta família foram recolhidas no Sheraton 3 (SHR3) em fevereiro. Foram identificadas como *Coryphaena hippurus* com um comprimento total de 4,6 mm.

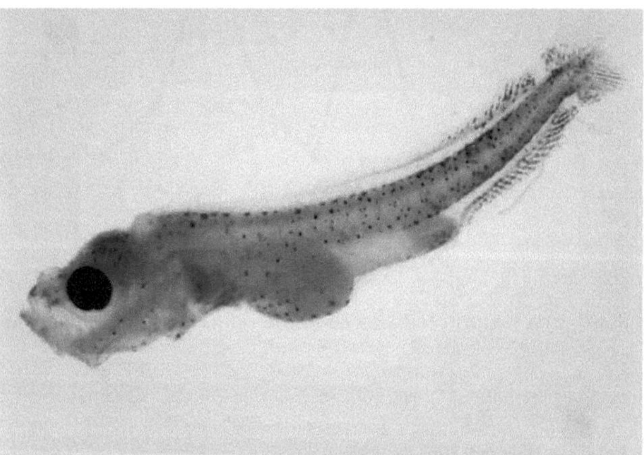

Figura 85. Larvas de golfinho *Coryphaena hippurus*

Família: Siganidae (Rabbitfishes)

Descrição das larvas

As larvas de siganídeos têm um corpo profundo, são comprimidas lateralmente e têm 22-24 miómeros com 6-10 miómeros pré-anais. O intestino tem uma forma ovoide e estende-se até 31% do comprimento do corpo. A bexiga gasosa está presente acima da porção anterior do intestino. A boca é pequena e terminal. *Siganus* sp.

As larvas de 4,5 mm encontram-se na fase de pré-flexão. Formam-se o primeiro, o segundo e o terceiro espinhos dorsais da barbatana dorsal, sendo os dois primeiros serrilhados e o terceiro liso. O espinho pélvico torna-se serrilhado. A crista da cabeça e as cristas do focinho e os espinhos supra-oculares são bem desenvolvidos. Os anlágios das barbatanas dorsal e anal estão formados, embora a prega da barbatana ainda esteja presente.

Família: Siganidae	*Siganus sp.*
Merística	
Myomeres	22-24 (24)
Preanal	6-10(8)
Pós-anal	12-18 (16)
Barbatanas	
Espinhos dorsais	12-14
raios dorsais	9-11
Espinhas anais	7
Raios anais	9-10
Pélvica	I,3,I
Pectoral	14-21
Caudal	8+7
Ocorrência de larvas	Todas as larvas foram recolhidas em julho
Zonas de elevada abundância	Magawish
Padrão de história de vida precoce	: Ovíparos com ovos pelágicos e larvas pelágicas.
Literatura	**Leis & Rennis, 1983**

MORFOMETRIA

	PREFLEXÃO	PÓS-FLEXÃO
Snl/HL	25-40%	
ED/HL	40-50%	
HL/BL	28-33%	
PAL/BL	48-53%	
PDL/BL	33-36%	
BD/BL	13-16%	

* O número entre parêntesis refere-se ao(s) espécime(s) estudado(s)

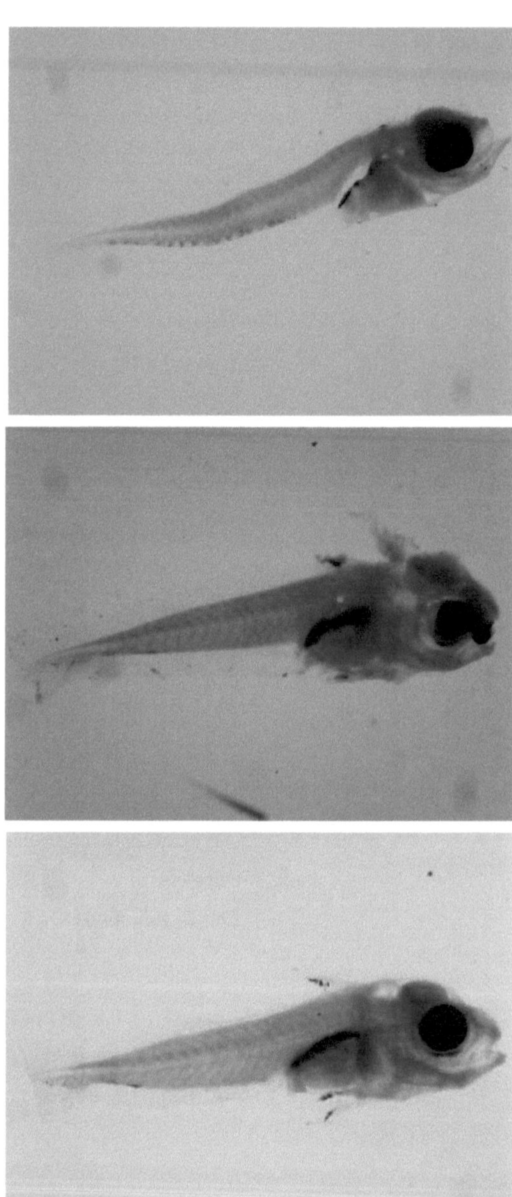

Figura 86. Estádios de desenvolvimento das larvas de Siganídeos; 2.1mm, 3.2mm, e 4.5 mm

As larvas de lutjanídeos têm o intestino muito enrolado, uma pequena caldeira de gás e espinhos na cabeça em formação inicial, bem como espinhos nas barbatanas dorsal e pélvica em formação inicial. As larvas têm um corpo esguio a profundo, são comprimidas lateralmente e têm 23-25 miómeros. O intestino é enrolado e estende-se até cerca do meio do corpo (52% da BL). Uma pequena bexiga gasosa está localizada acima da porção anterior do intestino. A cabeça é grande e moderadamente comprimida. Foram identificadas larvas de *Paracaesio sordidus e Lutjanus* spp.

Família: Lutjanidae   *Lutjanus sp.*

Merística

Myomeres	23-25 (24)
Preanal	7-17 (14)
Pós-anal	7-16 (10)
Barbatanas	
Espinhos dorsais	10-12
Raios dorsais	11-17
Espinhas anais	3
Raios anais	8-11
Pélvica	I, 5
Pectoral	16-18 (17)
Caudal	9+8
Ocorrência de larvas	Todas as larvas foram recolhidas em junho-agosto
Zonas de elevada abundância	Magawish e Arábia
Padrão de história de vida precoce	Ovíparos com ovos e larvas pelágicos.
Literatura	**Leis e Rennis, 1983; Leis, 1994**

MORFOMETRIA

* O número entre parêntesis refere-se ao(s) espécime(s) estudado(s)

Estágio	Snl/HL	HL/BL	PAL/BL	PDL/BL	BD/BL	ED/HL	
Pré-flexão	30%	30%	35%	53%	35%	17%	
Pós-flexão							

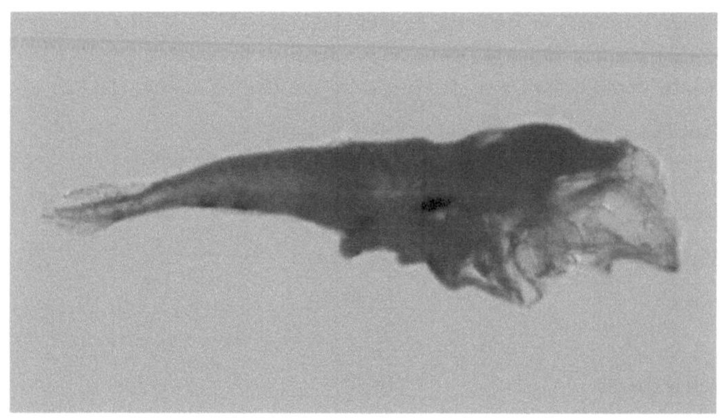
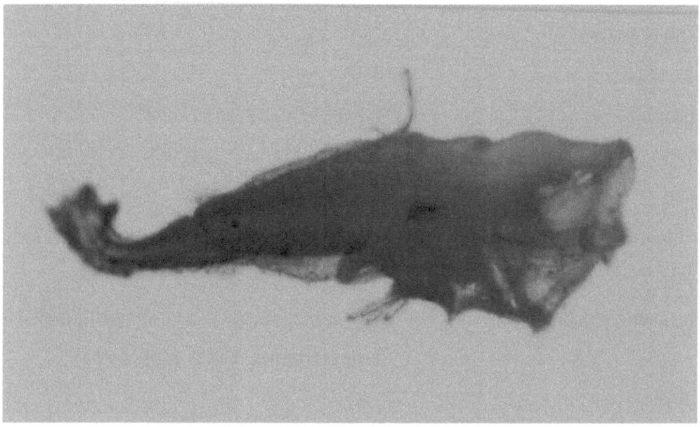
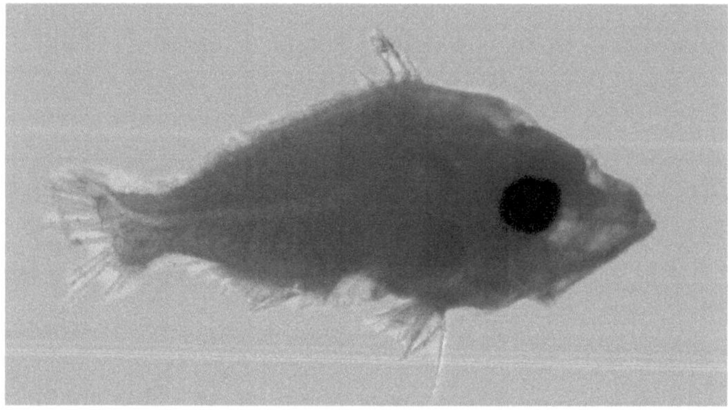

Figura 87. Larvas de diferentes peixes lutjanídeos

Família: Holocentridae (Peixe-esquilo)

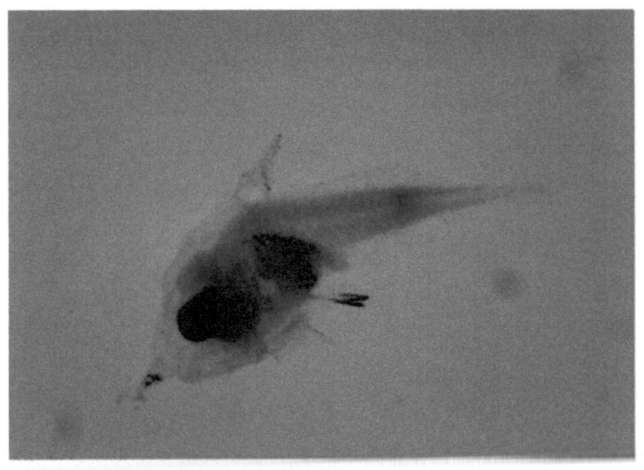

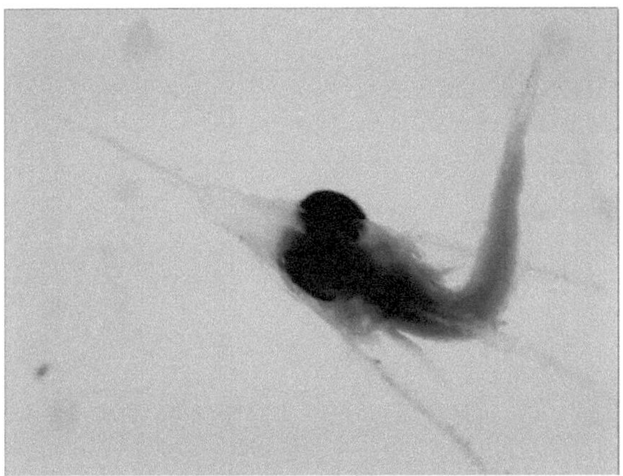

Figura 88. Larvas de *Myripristis murdjan* (em cima) e *Holocentrus* sp. (em baixo)

Larvas de alguns peixes comerciais

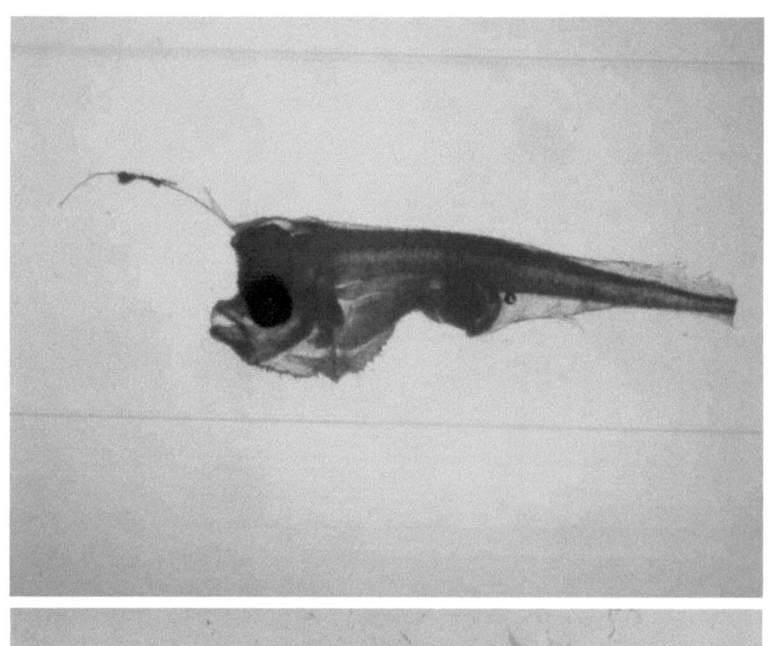

Figura 89. Fases de desenvolvimento dos peixes bórax

Figura 90. Larvas da família Soleidae

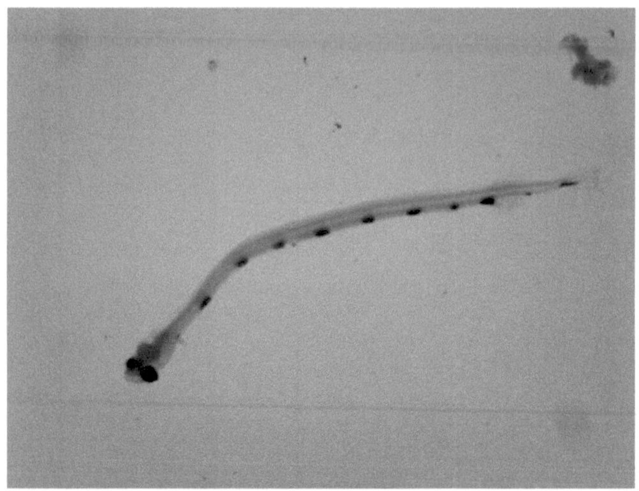

Figura 91. Larvas de peixes sinodontídeos

Família: Belonídeos

Figura 92. Larvas de peixes belonídeos

Família: Haemulidae

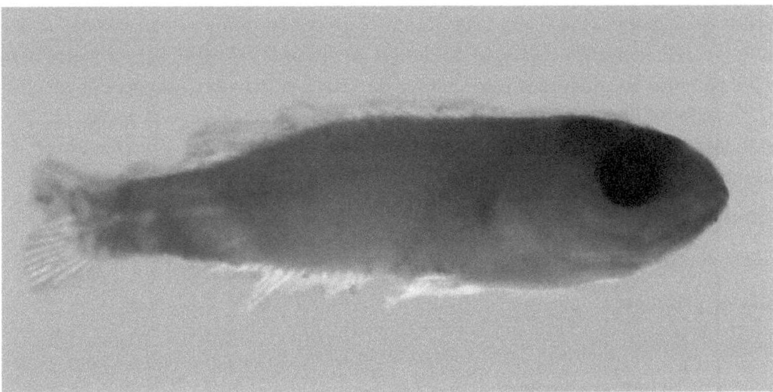

Figura 93. Larvas de peixes hemulídeos

Família: Sparidae

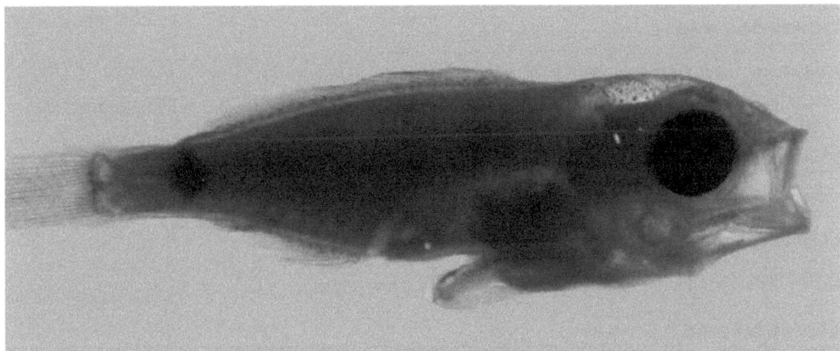

Figura 94. Larvas de Sparidae

Família: Tetraodontidae

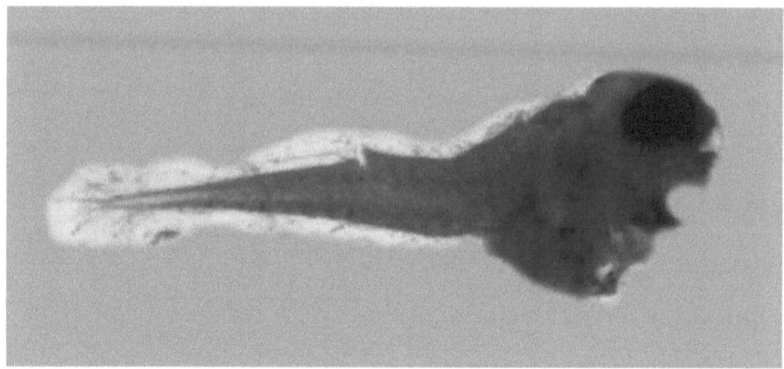

Figura 95. Larvas de peixes tetroadontídeos

Épocas de desova dos peixes comerciais.

A maioria dos peixes de recife desova nos meses mais quentes do ano (maio a agosto) com base na ocorrência das suas larvas. De acordo com as suas épocas de desova, os peixes podem ser categorizados em 7 grupos (Fig. 110). Estes foram os grupos da primavera, primavera/verão, verão, verão/outono, verão e inverno e estação de desova prolongada (Quadro 13). O maior número de reprodutores pertence ao grupo dos reprodutores de verão, com os taxa envolvidos a constituírem cerca de ...% de todos os taxa. Enquanto que os reprodutores de verão/outono apenas registaram um táxon (Scaridae). Em geral, a maior parte dos peixes registados durante o presente estudo desovam nos meses mais quentes do ano (Fig. 111 e Quadro 13).

Desovas prolongadas

Spratelloides delicatulus, Gramistes sp.

Desovantes de primavera

Trachurus sp., *Trachinotus* sp.

Reprodutores de primavera/verão

Tylosurus choram, Mulloidichthys flavolineatus, Hyporhamphus gamberur, Sphyraena sp1, *Siganus* sp., *Gerres oyena* e Labridae1

Reprodutores de verão

Sargocentron sp., *Myripristis murdjan, Hypoatherina temmincki, Tetraodontidae, , Priacanthus hamrur, Lutjanus* spp., *Epinephelus* sp., *Caranx* sp1. , Bothidae, Soleidae e Monacanthidae1

Reprodutores de verão/inverno

Atherinomorous lacunosus, Mugilidae

Reprodutores de verão/outono

Scarídeos

Desovantes de inverno.

Atherinomorus lacunosus, Coryphaena hippurus, Syngnathidae, *Sphyraena barracuda, Parupeneus rubescens,* Monacanthidae 2, *Euleptorhamphus viridis*

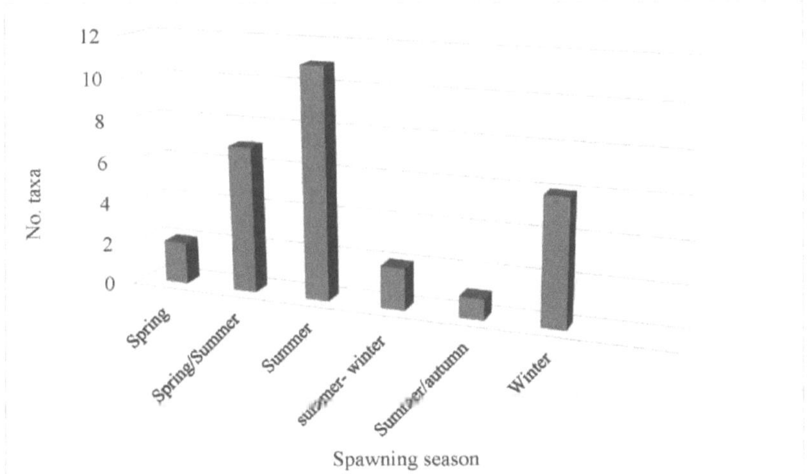

Figura 96. Épocas de desova dos peixes comerciais

Zonas de desova das espécies comerciais

A determinação dos locais de desova e de maternidade depende principalmente do estádio das larvas que foram recolhidas e do local onde foram recolhidas. A utilização dos primeiros estádios dos ovos e das larvas do saco vitelino é um bom indicador dos locais de desova e de maternidade.

As larvas de peixe foram divididas em 7 grupos de acordo com a zona onde foram recolhidas.

Todos os sítios

Parupeneus rubescens, Spratelloides delicatulus, Mulloidichthys flavolineatus, Sphyraena sp, *Bothidae, Mugilidae, Epinephelus* sp*., Tetraodontidae, Gerres oyena*

Três sítios

Gerres oyena e Tetraodontidae

Dois sítios

Lutjanus sp*., Hyporhamphus gamberur, Trachurus* sp*., Tylosurus choram, Atherinomorus lacunosus, Syngnathidae, Sphyraena barracuda,* Soleidae, Scaridae

Arábia

Gramistes sp*., Trachinotus* sp*., Labridae,* Monacanthidae, *Caranx* sp.

Shaeraton

Sargocentron sp*., Coryphaena hippurus, Priacanthus hamrur*

Magawish

Siganus sp*., Myripristis murdjan,* Monacanthidae 2

As larvas foram recolhidas em todos os locais, recolhidas em duas áreas, recolhidas em dois locais; as larvas recolhidas na Arabia, as larvas recolhidas na Marina, as larvas recolhidas em Magawish e as recolhidas em Sheraton. O maior número de espécies ocorreu em dois locais, onde foram recolhidas

9 espécies em dois locais diferentes. Entre estas, *Trachurus* sp foi recolhido em Marina e nas regiões da Arábia e *Atherinomorous lacunosus foi recolhido* em Marina e Magawish *Coryphaena hippurus*. O segundo grupo continha larvas que foram recolhidas em todas as zonas. Este grupo foi representado por 7 espécies, das quais Mullidae e Clupeidae. O grupo menos frequente foi o das larvas recolhidas na região de Marina, onde apenas uma espécie, *Euleptorhamphus viridis*, foi recolhida nesta região, estando ausente noutras regiões (quadro 13).

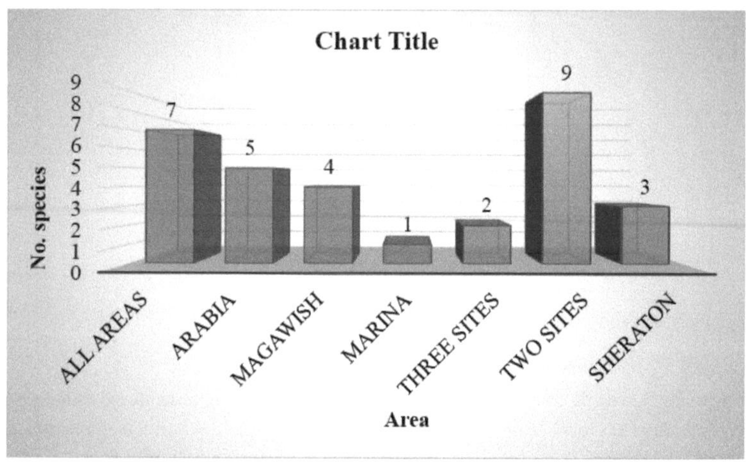

Figura 97. Zonas de desova dos peixes comerciais

O conhecimento do ictioplâncton pode ser útil para estimar a dimensão de uma população reprodutora e para determinar as épocas de desova e as zonas de desova dos peixes comerciais, sendo urgentemente necessário como instrumento de gestão da pesca no Mar Vermelho e dos peixes associados aos recifes de coral.

A maioria dos taxa de peixes larvares recolhidos durante o presente estudo são comercialmente importantes; Mullidae, Lutjanidae, Scaridae, Carangidae, Sphyraenidae, Gerreidae e Serranidae são constituintes importantes da pesca no Mar Vermelho. No entanto, as larvas de algumas famílias comercialmente importantes (Lethrinidae e Mugilidae) no Mar Vermelho eram raras ou mesmo ausentes, reflectindo talvez o comportamento dos adultos ou das larvas (Leis, 1991b; Montgomery *et al.*, 2001). O imperador de lantejoulas *Lethrinus nebulosus* foi registado a migrar para o Parque Nacional Marinho de Ras Mohamed em Sharm El-Sheikh para desovar (Salem, referência).

Outras larvas recolhidas no presente estudo, tais como pomacantídeos, labrídeos, apogonídeos e alguns pomacentrídeos, pertenciam a peixes ornamentais que são muito procurados no comércio de aquários. Mais de 90% de todos os organismos ornamentais tropicais marinhos são recolhidos na natureza, aumentando a pressão sobre as populações naturais de peixes dos recifes de coral (Referência). Os dados sobre as épocas de desova, os locais de desova das larvas dos peixes dos recifes de coral recolhidos durante o presente estudo podem ser utilizados para a aquacultura destas espécies, que conserva os recursos naturais dos recifes ao oferecer alternativas à captura selvagem e desenvolve uma nova fonte de organismos para o comércio de aquários.

A composição e a distribuição das larvas de peixe são influenciadas por factores ambientais, incluindo a temperatura e a salinidade (Houde e Zastrow, 1993; Hernandez-Miranda *et al.*, 2003). No presente trabalho, registaram-se diferenças significativas na temperatura da água entre estações, mas não entre locais, enquanto a salinidade não apresentou diferenças significativas entre locais ou estações. Assim, a temperatura pode influenciar a distribuição temporal mas não a distribuição espacial das larvas de peixe na área de estudo. A maior abundância e riqueza de taxa de larvas de peixe pode ser devida a temperaturas elevadas nos meses de verão. Um total de 71% dos taxa de larvas de peixes foram recolhidos no verão. Em contraste, Lowe-McConnell (1979) estudou a influência da temperatura e a distribuição das larvas de peixes em águas tropicais e concluiu que as temperaturas não limitam a desova dos peixes e que a sazonalidade das larvas é imposta pelo nível de nutrientes e pela prevenção da predação.

Em vários casos, as épocas de desova destes taxa, determinadas no presente trabalho com base na recolha mensal regular de larvas, coincidem em grande medida com as obtidas na literatura com base em estudos biológicos de reprodução (Munro *et al.* 1973; Thresher, 1984; Ahmed, 1992, El-Etreby *et al.*, 1993; El-Etreby *et al.*, 1999).

Tabela 8. Épocas e zonas de desova das espécies comerciais indicadas na coleção.

Species	Spawning season	spawning area	Comments
Spratelloides delicatulus	Prolonged	All	Abundant in Marina
Gramistes sp.	Prolonged	Arabia	
Trachurus sp.	Spring	Arabia/Marina	common in Arabia
Trachinotus sp.	Spring	Arabia	
Tylosurus choram	Spring/Summer	Marina/ Magawisgh	Common in Marina
Mulloidichthys flavolineatus	spring/summer	All areas	Abundant in Arabia and Marina
Hyporhamphus gamberur	Spring/Summer	Marina/Arabia	
Sphyraena sp1	spring/Summer	All areas	
Siganus sp.	Spring/Summer	Magawish	
Labridae1	Spring/Summer	Arabia	
Gerres oyena	Spring/Summer	Absent in Marina	Abundant in many areas
Sargocentron sp.	Summer	Sheraton	
Myripristis murdjan	Summer	Magawish	
Hypoatherina temmincki	summer	Magawish	
Tetraodontidae	Summer	Absent in Magawish	common in Arabia
Soleidae	Summer	Sheraton/Magawish	
Priacanthus hamrur	Summer	Sheraton	
Monacanthidae 1	Summer	Arabia	
Lutjanus spp.	Summer	Magawish/Arabia	
Epinephelus sp.	Summer	All areas	
Caranx sp1.	Summer	Arabia	Abundant in Arabia
Bothidae	Summer	All areas	
Mugilidae	summer- winter	All areas	Common in Arabia
Scaridae	Summer/autumn	Sheraton/Magawish	Abundant in Magawish
Atherinomorus lacunosus	summer-winter	Marina/Magawish	
Coryphaena hippurus	Winter	Sheraton	
Syngnathidae1	Winter	Sheraton - Magawish	
Sphyraena barracuda	Winter	Sheraton /Marina	Common in Magawish
Parupeneus rubescens	Winter	All	
Monacanthidae 2	Winter	Magawish	Abundant in SHR3
Euleptorhamphus viridis	Winter	Marina	

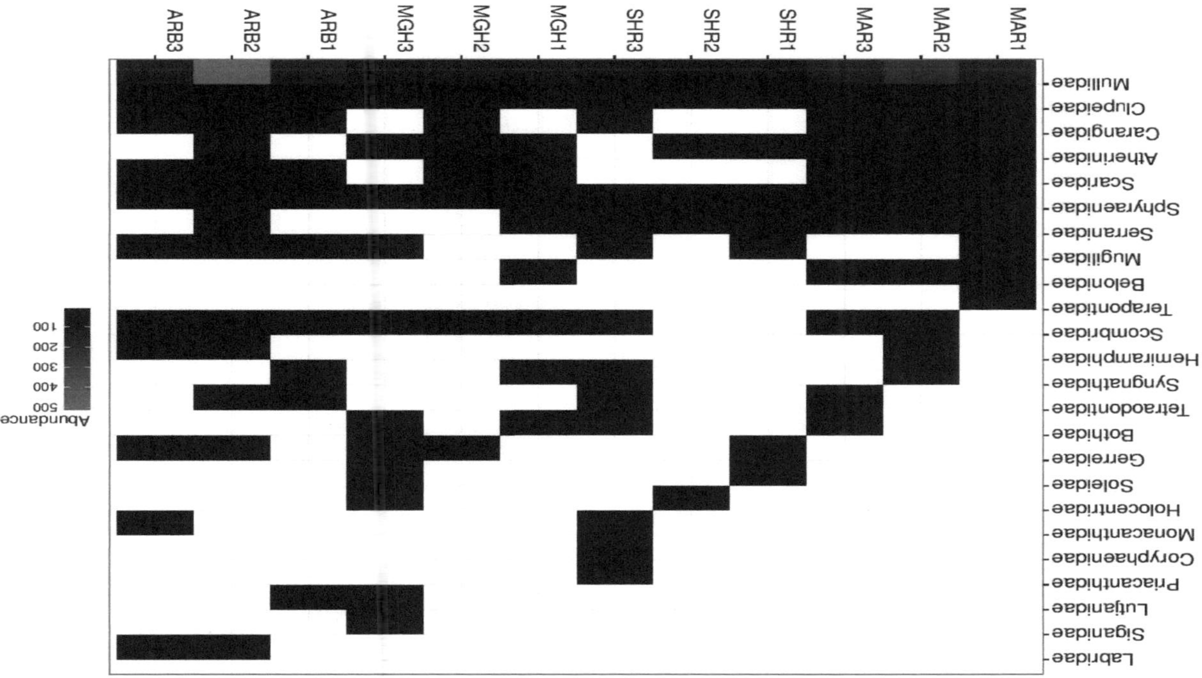

Figura 98. Gráfico raster da distribuição espacial das larvas de espécies comerciais

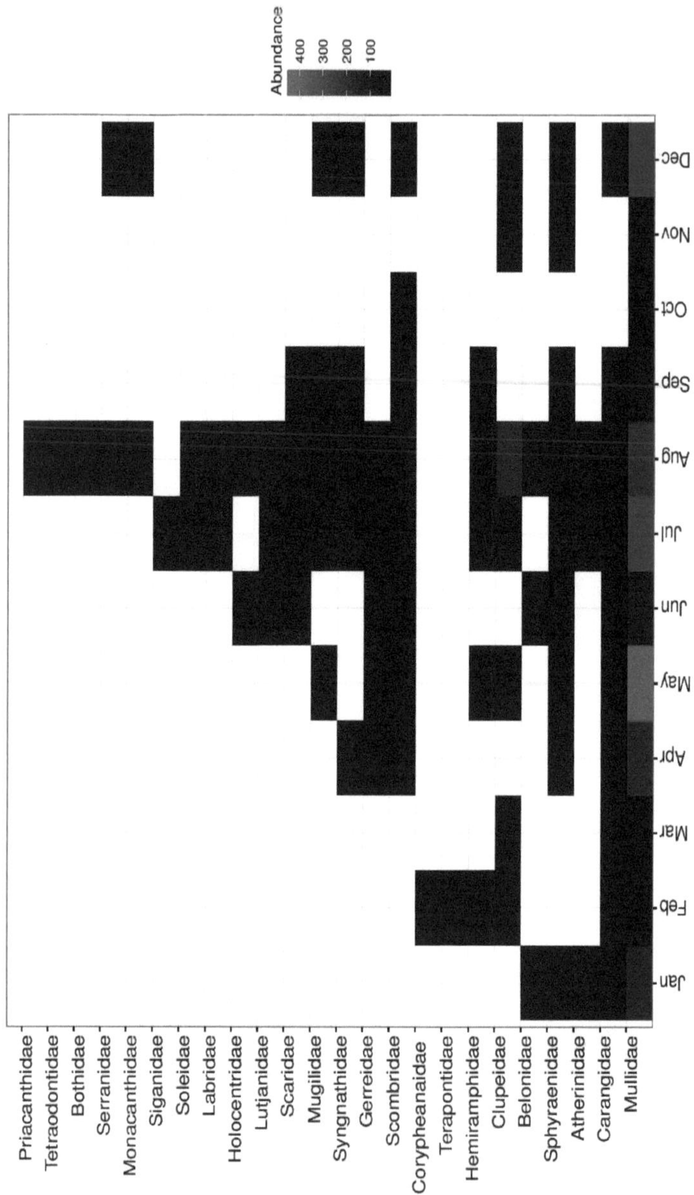

Figura 99. Gráfico raster da distribuição mensal de larvas de espécies comerciais.

REFERÊNCIAS

Abu El-Regal, M. A. (1999). Alguns estudos biológicos e ecológicos sobre as larvas de peixes de recifes de coral em Sharm El-Sheikh (Golfo de Aqaba-Mar Vermelho). Tese de Mestrado. Departamento de Ciências Marinhas, Faculdade de Ciências da Universidade do Canal do Suez.167 pp.

Abu El-Regal, M. A. (2008). Estudos ecológicos sobre o ictioplâncton de peixes de recifes de coral em Hurghada, Mar Vermelho, Egipto. Tese de Doutoramento Departamento de Ciências Marinhas, Faculdade de Ciências, Universidade do Canal do Suez, Ismailia, Egipto.225 pp.

Abu El-Regal, M. A. (2017). Distribuição espacial e temporal de larvas de peixes de recife de coral no norte do Mar Vermelho, Egito. Jornal Iraniano de Ciências da Pesca. 16(3) 1043-1062

Abu El-Regal, M.A. (2009). Distribuição espacial das assembleias de larvas de peixes em algumas baías costeiras ao longo da costa egípcia do Mar Vermelho. J. Egypt. Acad. Soc. Environ. Develop. 10: 1931.

Abu El-Regal, M.A. (2012). Desenvolvimento larvar de duas espécies de peixes atherinídeos do Mar Vermelho, Egipto. Jornal Egípcio de Biologia Aquática e Pescas, 16 (1): 61-71.

Abu El-Regal, M.A. (2013a). Épocas de desova, zonas de desova e viveiros de alguns peixes do Mar Vermelho. Jornal Global de Peixes Aquáticos. Research.6 (6), 126-140.

Abu El-Regal, M.A. (2013b). Comunidades de peixes de recife adultos e larvais na lagoa costeira de recife em Hurghada, Mar Vermelho, Egipto. Jornal Internacional de Ciência e Engenharia Ambiental, (4):39-49.

Abu El-Regal, M.A. (2014). Impacto da inundação do vale sobre a abundância e diversidade dos peixes de recife na área protegida de Wadi El-Gemal, Mar Vermelho, Egyptian Journal of Aquatic Biology and Fisheries, 18 (1): 83- 95.

Abu El-Regal, M.A. e El-Moselhy, K. (2013). Primeiro registo do peixe-lua delgado Ranzania leavis do Mar Vermelho. Journal of Fish Biology, 83:1425-1429.

Abu El-Regal, M.A. e Kadry, N.I. (2014). Papel dos manguezais como viveiro de peixes juvenis de recife no sul do Mar Vermelho egípcio, Egyptian Journal of Aquatic Biology and Fisheries, 40: 71-78.

Abu El-Regal, M.A.; Ahmed, A.I.; El-Etreby, S.G.; El-Komi, M. e Elliott, M. (2008a). Abundância e diversidade de larvas de peixes de recife de coral em Hurghada, Mar Vermelho Egípcio. Egyptian Journal of Aquatic Biology and Fisheries, 12(2): 17-33.

Abu El-Regal, M.A.; Ahmed, A.I.; El-Etreby, S.G.; El-Komi, M. e Elliott, M. (2008b). Influência de guildas ecológicas de peixes de recifes de coral na distribuição das suas larvas perto de recifes de coral em Hurghada, Mar Vermelho Egípcio. Egyptian Journal of Aquatic Biology and Fisheries, 12(2): 35-50.

Ahlstrom, E.H. (1976). Manutenção da qualidade dos ovos e larvas de peixe recolhidos durante os lanços planctónicos. In: H.F. Steadman. Zooplankton fixation and preservation. Paris. UNESC (Unesco monographs on oceanographic methodology, No.4.

Ahmed, A.E. (1992). Estudos ecológicos e biológicos sobre peixes juvenis no sul do Sinai. (Tese de Mestrado). Departamento de Ciências do Mar. Sci. Dept. Fac. Sci. Suez Canal University, Egipto.

120 pp.

Alemany, F.; Deudero, S.; Morales-Nin, B.; Lopez-Jurado, J.L.; Jansa, J.; Palmer, M. e Palomera, I. (2006). Influência dos factores físicos ambientais na composição e distribuição horizontal das assembleias de larvas de peixes no verão ao largo da ilha de Maiorca (arquipélago das Baleares, Mediterrâneo ocidental). Journal of Plankton Research, 28(5): 473-487.

Anderson, P. J. e Piatt, J. F. (1999). Community reorganization in the Gulf of Alaska following ocean climate regime shift. Marine Ecology Progress Series, 189: 117123.

Atema, G.; Kingsford, J.M. e Gerlach, G. (2002). As larvas de peixes de recife podem usar o odor para a deteção, retenção e orientação para os recifes. Marine Ecology Progress Series, 241:151-160.

Auth, T.D. (2011). Análise da comunidade de ictioplâncton epipelágico primavera-outono na corrente do norte da Califórnia em 2004-09 e sua relação com factores ambientais. Calif. Coop. Oceanic. Fish. Invest. Rep., 52:148-167.

Bailey, K.M. e Heath, M.R. (2001). Spatial variability in the growth rate of blue whiting (Micromesistiuspoutassou) larvae at the shelf edge west of the UK. Fisheries Research, 50: 73-87.

Balon, E.K. (1975). Terminologia dos intervalos no desenvolvimento dos peixes. Journal of Fisheries Research Board Can., 32: 1663-1670.

Barletta-Bergan, A.; Barletta, M. e Saint-Paula, U. (2002). Estrutura e dinâmica sazonal das larvas de peixes no estuário do rio Caeté no Norte do Brasil. Estuarine, Coastal and Shelf Science, 54, 193-206.

Begg, G.A. (2005). Parâmetros da história de vida. Stock Identification Methods, Applications in Fishery Science. Elsevier Academic Press. London.119-150.

Bellwood, R. e Wainwright, P.C. (2002). A história e a biogeografia dos peixes nos recifes de coral. In: Coral Reef Fishes. Dynamics and Diversity in a Complex Ecosystem (ed. P.F. Sale). Academic Press, San Diego, CA, pp. 5-32.

Ben-Tzvi, O.; Tchernov, D. e Kiflawi, M. (2010). Papel das pistas químicas derivadas de corais na seleção de microhabitats por Chromisviridis em colonização. Mar. Ecol. Prog. Ser., 409:181187.

Berumen, M. L.; Hoey, A. S.; Bass, W. H.; Bouwmeester, J.; Catania, D. e Cochran, J.E. M. et al. (2013). O status da pesquisa em ecologia de recifes de coral no Mar Vermelho.Coral Reefs,32: 1-12.

Blaxter, J.H.S. (1988). Padrão e variedade no desenvolvimento. In: Hoar, W.S e Randall D. J. (eds), Fish physiology, Vol. XIA. Academic Press, Nova Iorque: 1-57.

Boeing, W.J. e Duffy-Anderson, J.T. (2007). Dinâmica e biodiversidade do ictioplâncton no Golfo do Alasca: Responses to environmental changes. Ecological indicators, 8: 292-302.

Borges, R.; Ben-Hamadou, R.; Chícharo, P. e Goncalves, E.J. (2007). Padrões horizontais de distribuição espacial e temporal das assembleias de larvas de peixes numa costa rochosa temperada. Estuarine Coastal and Shelf Science, 71: 421-428.

Brogan, M.W. (1994). Dois métodos de amostragem de larvas de peixes em recifes: Uma comparação no Golfo da Califórnia. Marine Biology, 118: 33-44.

Choat, J.H.; Doherty, P.; Kerrigan, J.B.A. e Leis, J.M. (1993). Uma comparação entre redes rebocadas, redes de cerco com retenida e dispositivos de agregação de luz para a amostragem de larvas e juvenis pelágicos de peixes de recifes de coral. Fishery Bulletin.91: 195-209.

Clark, T. (1991). Larvas de peixes costeiros em águas oceânicas perto de Oahu, Hawaii. Relatório técnico NOAA NMFS, 101: 1-19.

Cowen, R. K.; Lwiza, K.M.M.; Sponaugle, S.; Paris, C.B. e Olson, D.B. (2000). Conectividade das populações marinhas: Open or closed? Science, 287: 857-859.

Cowen, R., Paris, C. e Srinivasan, A. (2006). Scaling of connectivity in marine populations (Escala de conetividade em populações marinhas). Science, 311: 522-527.

Cowen, R.; Paris, C.; Olson, D. e Fortuna, J. (2003). The role of long distance dispersal versus local retention in replenishing marine populations. Gulf and Caribbean Research, 14: 129-138.

Cowen, R.K. e Castro, L.R. (1994). Relação entre a distribuição das larvas de peixes de recife de coral e a circulação à escala da ilha em torno de Barbados, Índias Ocidentais. Boletim de Ciências Marinhas, 51: 228344

Cuschnir, A. (1991). Diversidade taxonómica, relações interespecíficas biológicas e ecológicas e ciclo anual de distribuição do ictioplâncton no extremo norte do Golfo de Elat (Mar Vermelho). Tese de doutoramento.

Cushing, D.H. (1990). Produção de plâncton e força da classe anual nas populações de peixes: uma atualização da hipótese de correspondência/desigualdade. In: Blaxter, J. H., Southward, A. J. (Eds.), Advances in Marine biology, Academic Press, San Diego, 26: 249-293.

Daly, E.A.; Auth, T.D.; Brodeur, R.D. e Peterson, W. T. (2013). Biomassa de ictioplâncton de inverno como preditor de campos de presas no início do verão e sobrevivência de salmão juvenil na corrente do norte da Califórnia. Mar. Ecol. Prog. Ser., 484:203-217.

Debelius, H. (2007). Red Sea reef guide. Quarta edição revista publicada em Inglaterra.

Demir, N. e Southward, A.J. (1974). The Abundance and Distribution of eggs and Larvae of Teleost Fishes off Plymouth in 1969 and 1970.Journal of Marine Biological. Association U.K., 54: 333-353.

DiBattista, J.D.; Berumen M.L. e Gaither, M. R.et al. (2013). Depois que os continentes se dividem: filogeografia comparativa de peixes de recife do Mar Vermelho e do Oceano Índico. Journal of Biogeography, 40: 1170-1181.

Dixson, D.L.; Geoffrey, P.J.; Philip, M.L.; Morgant, P.S.; Maya, S.; Serge, P. e Simon, T.R. (2011). As pistas químicas terrestres ajudam as larvas de peixes de recife de coral a localizar o habitat de assentamento em torno das ilhas Ecologia e Evolução. 1(4): 586-595.

Dixson, D.L.; Jones G.P.; Munday P.L.; Planes S.; Pratchett M.S.; Srinivasan, M.; Syms, C. e Thorrold, S.P. (2008). Os peixes dos recifes de coral cheiram as folhas para encontrarem as suas casas nas ilhas. Proceedings of the Royal Society B., 275: 2831-2839.

Doherty, P.J. e Fowler, A.J. (1994). Um teste empírico da limitação do recrutamento num peixe de recife de coral. Science, 263: 935-939.

Duffy-Anderson, J. T.; Baily, K. M.; Ciannelli, l.; Cury, P.; Belgrano, A. e Stenseth, N.C. (2005). Transição de fase nos processos de recrutamento de peixes marinhos. Ecology Complex, 2: 205-218.

Dufour, V. (1992). Colonisation des recifscoralliens par les larves de poissons. Thesees sciences, oceanologiebiologique, Univ. Pierre et Marie Curie, França.

DursunAvsar e SinanMavruk (2011). Alterações temporais na abundância e composição do ictioplâncton de Babadillimani Bight: Entrada ocidental da Baía de Mersin (Nordeste do Mediterrâneo). Jornal Turco de Pescas e Ciências Aquáticas, 11: 121-130.

Dytham, C. 2003. Escolher e utilizar estatísticas. A biologist's guide. Blackwell Publishing, Oxford, 248pp.

Edwards, F.J. (1987). Clima e Oceanografia. In: Edwards, A.J., Head, S.M. (eds). Red Sea key environment. Pergamon Press, Oxford: 45-69.

El-Sherbiny, M.M. (1997). Alguns estudos ecológicos sobre o zooplâncton na zona de Sharm El-Sheikh (Mar Vermelho). Tese de Mestrado. Departamento de Ciências Marinhas, Faculdade de Ciências, Universidade do Canal do Suez, Egipto.151 pp.

Fisher, R. e Bellwood, D.R. (2002). A light trap design for stratum specific sampling of reef fish larvae. Journal of Experimental Marine Biology and Ecology, 269: 27-37.

Fisher, R. e Leis J. M. (2009). Swimming performance in larval fishes: from escaping predators to the potential for long distance migration. In: Domenici P, Kapoor BG (eds) Fish locomotion: an etho-ecological approach. Science Publishers Enfield, NH.

Fisher, R. e Wilson, S.K. (2004). Maximum sustainable swimming speeds of late-stage larvae of nine species of reef fishes". Journal of Experimental Marine Biology and Ecology, 312(1): 171-186.

Fisher, R.; Leis, J.M.; Clark, D.L. e Wilson, S.K. (2005). Critical swimming speeds of latestage coral reef fish larvae: variation within species, among species and between locations. Marine Biology, 147: 1201-1212.

Foster, N.L.; Paris, C.B.; Kool, J.T.; Baums, I. B.; Stevens, J.R.; Sanchez, J.A. e Mumby, P.J. (2012). Conectividade das populações de corais do Caribe: percepções complementares do fluxo genético empírico e modelado. Molecular Ecology, 21: 1143-1157.

Franco-Gordo, C.; Godinez-Dominguez, E. e Suarez-Morales, E. (2002). Conjuntos de peixes larvares em águas ao largo da costa central do Pacífico do México. Journal of Plankton Research, 24: 775-784.

Froukh, T.J. (2001). Estudos sobre taxonomia e ecologia de algumas larvas de peixes do Golfo de Aqaba. Tese de Mestrado. Faculdade de Estudos Graduados. Universidade da Jordânia.103 pp.

Fuiman, L. (2002). Considerações especiais sobre ovos e larvas de peixes. In: Fuiman, L.A., Werner, R.G. (Eds.), Fishery Science. The Unique Contributions of Early Life Stages. Fishery Blackwell Publishing. Pp.206-221.

Gerlach, G.; Atema, J.; Kingsford, M. J.; Black, K. P. e Miller-Sims, V. (2007). O cheiro de casa pode impedir a dispersão de larvas de peixes de recife. Actas da Academia Nacional de Ciências, 104: 858-863.

Gleason, D.; Danilowicz, B. e Nolan, C. (2009). As águas dos recifes estimulam a exploração do substrato em plânulas de corais das Caraíbas em fase de reprodução. Coral Reefs, 28: 549-554.

Golani, D. e Bogorodsky, S. (2010). The fishes of the Red Sea-reappraisal and updated checklist. Zootaxa, 2463: 1-135.

Goren, M. e Dor, M. (1994). An updated checklist of the fishes of the Red Sea CLOFRESII. Academia de Ciências e Humanidades de Israel. Academia de Ciências e Humanidades de Israel.

Jerusalém, 120 pp.

Gorka, S.; Diana, M. e Phillip, S.L. (1997). Observações comportamentais de um evento de colonização de recifes por larvas de peixe-cirurgião Ctenochaetusstrigosus (Acanthuridae). Mar. Ecol. Prog. Ser., 153: 311-315.

Govoni, J.J. (2005). Oceanografia Pesqueira e a Ecologia das Histórias Iniciais de Vida dos Peixes: uma Perspetiva de Cinqüenta Anos. Scientia Marina, 69(1): 125-137.

Grimes, C.B. e Kingsford, M.J. (1996). Como é que as plumas fluviais de diferentes tamanhos influenciam as larvas de peixe: Será que aumentam o recrutamento? Marine and Freshwater Research, 47: 191208.

Heath, M.R. (1992). Investigações de campo sobre as primeiras fases da história de vida dos peixes marinhos. Advances in Marine Biology, 28: 1-174.

Hedgecock, D. (2010). Determining parentage and relatedness from genetic markers sheds light on patterns of marine larval dispersal. Molecular Ecology, 19: 845-847.

Hedgecock, D.; Barber, P. e Edmands, S. (2007). Abordagens genéticas para medir a conetividade. Oceanografia, 20: 70-79.

Hernandez-Miranda, E.; Palm, A. T. e Ojeda, E.P. (2003). Assembléias de peixes larvais em águas costeiras próximas ao centro do Chile: padrões temporais e espaciais. Estuarine and Coastal and Shelf Science, 56: 1075-1092.

Houde, E. D. (1997). Patterns and consequences of selective processes in teleost early life histories. In Early life history and recruitment in fish populations. R.C. Chambers e E.A. Trippel, eds. London: Chapman and Hall, pp. 172-196.

Houde, E.D. e Zastrow, C.E. (1993). Propriedades dinâmicas e energéticas específicas dos ecossistemas e dos táxons das assembleias de larvas de peixes, Bulletin marine Science, 53: 290-335.

Hounde, E.D. (1989). Crescimento comparativo, mortalidade e energia das larvas de peixes marinhos: temperatura e efeitos latitudinais implícitos. Boletim das Pescas, 87: 471-495.

Huang, J. e Chiu, T. (1998). Variações sazonais e hidrográficas da densidade e composição do ictioplâncton na zona de troca Kuroshio-Eddge ao largo do Nordeste de Taiwan. Estudos Zoológicos, 37(1): 63-73.

Hunter, J.R. e Kimbrell, C. (1980). Canibalismo de ovos na anchova do norte, Engraulismordax.Fish. Bull, 78:811-816.

Irisson J.O.; Paris, C.B.; Guigand, C.M. e Planes, S. (2010). Distribuição vertical e "migração" ontogenética em larvas de peixes de recife de coral. Limnologia e Oceanografia, 55(2): 909-919.

Irisson, J.O.; Guigant, C.M. e Paris, C.B. (2009). Deteção e quantificação da orientação das larvas marinhas no ambiente pelágico. Métodos de Limnologia e Oceanografia, 7: 664-672.

Irisson, J.O.; LeVan, A.; De Lara, M. e Planes, S. (2004). Estratégias e trajectórias de larvas de peixes de recife de coral que optimizam o auto-recrutamento. Journal of Theoretical Biology, 227(2): 205-218.

Isari, S.; Fragopoulu, N. e Somarakis, S. (2008). Variabilidade interanual nos padrões horizontais das assembleias de larvas de peixes no nordeste do Mar Egeu (Mediterrâneo Oriental) durante o início do verão. Estuarino, Costeiro e Ciência da Plataforma, 79: 607-619.

James, M.; Armsworth, P.; Mason, L. e Bode, L. (2002). The structure of reef fish metapopulations: modelling larval dispersal and retention patterns. Proceedings of the Royal Society of London Series B: Biological Sciences, 269: 2079.

James, M.M. (2010). Estrutura da Comunidade e Variabilidade Espacio-temporal do Ictioplâncton nas Águas Costeiras do Quénia. Tese de doutoramento. Escola de Ciências, Universidade de Moi.

Jaxion Harm, J.C. (2010). A relação entre Peixes de Coral (Larvas, Juvenis e Adultos) e Manguezais: um estudo de caso em Honduras. Tese de doutoramento, Universidade de Oxford, St Catherine College.237p.

Jones, G.P.; Planes, S. e Thorrold, R. (2005). As larvas de peixes dos recifes de coral instalam-se perto de casa. Current Biology, 15: 1314-1318.

Jorge, P.E.; Almada, F.; Goncalves, A. R.; Duarte-Coelho, P. e Almada, V.C. (2012). Homing em peixes de intertidal rochoso. Serão os Lipophrys pholis L. capazes de efetuar uma verdadeira navegação? Cognição Animal, 15:1173-1181.

Kendall, A. W., Jr. e Matarese, A. C. (1987). Biology of eggs, larvae, and epipelagic juveniles of sablefish, Anoplopoma fimbria, in relation to their potential use in management. Mar. Fish. Rev., 49:1-13.

Kendall, A.W. e Matarese, A.C. (1994). Status of early life history descriptions of marine teleosts. Fishery Bulletin, 92(4): 725-736.

Kristiansen, T., Drinkwater, K. F., Lough, R. G. e Sundby, S. (2011). Variabilidade do recrutamento no bacalhau do Atlântico Norte e dinâmica de correspondência. PLoS One, 6: 1-11.

Kristiansen, T.; Jorgensen, C.; Lough, R.G.; Vikebo, F. e Fiksen, 0. (2009). Modelagem de comportamento baseado em regras: seleção de habitat e trade-off crescimento-sobrevivência em larvas de bacalhau. Behavioral Ecology, 20:1-11.

Landaeta, M.F.; Veas R.; Letelier, J. e Castro, L.R. (2008). Assembléias de peixes larvais no ecossistema de ressurgência do Chile central. Revista de Biologia.

Lecchini, D. e Galzin, R. (2003). Synthèsesurl'influence des processuspélagiquesetbenthiques, biotiques et abiotiques, stochastiques et déterministes, sur la dynamique de l'autorecrutement des poissonscoralliens. Sociétéfrançaised'ichtyologie, Paris, França.

Lecchini, D.; Planes, S. e Galzin, R. (2005). Avaliação experimental das modalidades sensoriais de larvas de peixes de recife de coral no reconhecimento do seu habitat de assentamento. Ecologia comportamental e sociobiologia, 58: 18-26.

Leis J.M. (2006). As larvas de peixes demersais são plâncton ou nekton? Avanços em Biologia Marinha, 51: 57-141.

Leis, J. M. (1986). Distribuição vertical e horizontal de larvas de peixe perto de recifes de coral nas Ilhas Lizard, Grande Barreira de Coral. Mar. Biol., 90:505-516.

Leis, J. M. e Carson-Ewart, B. M. (2002). Larvae of Indo-Pacific coastal fishes.An identification guide to marine fish larvae.(Fauna Malesiana Handbooks 2). E. J. Brill, Leiden, 850 pp.

Leis, J. M. e Goldman, B. (1987). Composição e distribuição das assembleias de larvas de peixes na lagoa da Grande Barreira de Coral, perto da ilha Lizard, Austrália. Australian Journal of Marine and Freshwater Research, 38(2): 211-223.

Leis, J.M. (1991a). A fase pelágica dos peixes de recife: A biologia larvar dos recifes de coral. In: Sale, P. F. the Ecology of Fishes on Coral Reefs. Academic Press, San Diego: CA, 183230.

Leis, J.M. (1993). Larval fish assemblages near Indo-Pacific coral reefs. Boletim de Ciências Marinhas, 53(2): 362-392.

Leis, J.M. (1994). Coral Sea atoll lagoons: closed nurseries for the larvae of coral reef fishes. Boletim de Ciências Marinhas, 54(1): 6-227.

Leis, J.M. (2002). Pacific coral-reef fishes: the implications of behaviour and ecology of larvae for biodiversity and conservation, and a reassessment of the open population paradigm. Environmental Biology of Fishes, 65: 199-208.

Leis, J.M. e Carson-Ewart, D.M. (1999). Natação in situ e comportamento de assentamento de larvas de um peixe de recife de coral do Indo-Pacífico, a truta coral Plectropomusleopardus (Pisces: Serranidae) Marine Biology, 134: 51-64.

Leis, J.M. e Carson-Ewart, B.M. (1999). Natação in situ e comportamento de assentamento de larvas de um peixe de recife de coral do Indo-Pacífico, a truta coral Plectropomusleopardus (Pisces: Serranidae) Marine Biology, 134: 51-64.

Leis, J.M. e McCormick, M.I. (2002). The biology, behaviour, and ecology of the pelagic larval stage of coral reef fishes. In: Sale, P.F. (Ed), Coral reef fishes: dynamics and Diversity in a complex ecosystem. Imprensa académica, San Diego, 171-199.

Leis, J.M. e Miller, J.M. (1976). Offshore distributional patterns of Hawaiian fish larvae. Marine Biology, 36(3): 359-367.

Leis, J.M. e Rennis, D.S. (1983). The larvae of Indo-Pacific coral reef fishes. New South Wales Univ. Press, Sydney, Austrália.269 pp.

Leis, J.M. e Trnski, T. (1989). The larvae of indo-pacific shorefishes. Honolulu, Hawaii. Universidade do Havai. 371p.

Leis, J.M.; Caselle, J.E.; Bradbury, R.I.; Kristiansen, T.; Llopiz, J.K.; Miller, M. J.; O'Connor, M. I.; Paris, C.B.; Shanks, A. L.; Sogard, S.M.; Swearer, S. E.; Treml, E. A.; Vetter, R.D. e Warner, R. R. (2013). A dispersão larval de peixes difere entre latitudes altas e baixas? Actas da Sociedade Real de Ciências Biológicas, 230 -18:33.

Leis, J.M.; Sweatman, H.P.A. e Reader S.E. (1996). O que as fases pelágicas dos peixes de recife de coral estão a fazer em água azul: observações de campo diurnas das capacidades comportamentais das larvas. Marine and Freshwater Research, 47: 401-411.

Limouzy-Paris, C.B.; Graber, H.C.; Jones, D.; Ropke, A.W. e Richards, W.J. (1997).Translocação de larvas de peixes de recife de coral através de correntes submesoscópicas da Corrente da Florida. Boletim de Ciências Marinhas, 60: 966-983.

Maaty, M. M. 2014. Alguns estudos ecológicos sobre os estágios iniciais de peixes de recife de coral e seu movimento entre diferentes habitats em Hurghada, Mar Vermelho. Tese de doutoramento. Departamento de Zoologia, Faculdade de Ciências, Universidade Al-Azhar.

Macgregor, J. M. e Houde, E.D. (1996). Onshore-offshore pattern and variability in distribution and abundance of bay anchovy Anchoamitchillieggs and larvae in Chesapeake Bay. Marine Ecology progress Series,138: 15-25.

Marieke, C.j.; Nagelkerken, I.; Hans, I. e Ruseler, M.S.(2008). Os viveiros de ervas marinhas contribuem para as populações de peixes dos recifes de coral. Limnol.Oceanogr., 53(4): 1540-1547.

Marina O Leis, J. M. e Carson-Ewart, B. M. (1998). Complex behavior by coral reef fish larvae in open water and near reef pelagic environments. Environmental Biology of Fishes, 58: 259 - 266.

McClanahan, T.R.; Mwaguni, S. e Muthiga N.A. (2005). Management of the Kenyan coast. Ocean and Coastal Management, 48: 901-931.

McCormick, M.I.; Makey, L. e Dufour, V. (2002). Comparative study of etamorphosis in tropical reef fishes. Berlim: Springer.

McIlwain, J.L. (2003). Padrões temporais e espaciais de grande escala do fornecimento de larvas a um recife de franja na Austrália Ocidental. Marine Ecology Progress Series, 252: 207-222.

Mehanna, S. F. M. Abu-El-Regal, Osman, Y. A. 2014. Idade e crescimento com base nas leituras de escala das duas espécies de escarídeos Hipposcarus harid e Chlorurus sordidus de

Zona de pesca de Hurgada, Mar Vermelho, Egipto. Revista Internacional de Ciências Marinhas, 4, (31). 1-12

Miller, B.S. e Kendall, A.W.Jr. (2009). Early life history of marine fishes. University of California Press, Berkeley, California, 364 pp.

Montgomery J. C.; Jeffs, A.; Simpson, S.D.; Meekan, M. e Tindle, C. (2006). Sound as an orientation cue for the pelagic larvae of reef fishes and decapod crustaceans. Avanços em biologia marinha, 51: 143-196.

Montgomery, J.C.; Nicholas, T. e Haine, O.S. (2001). Seleção ativa de habitat por peixes de recife antes da colonização. Peixes e Pescas 2: 261-277

Morcos, S.A. (1970). Physical and chemical oceanography of the Red Sea. Mar. Biol., 8:73202.

Moser, H.G. (1996). The Early Stage of Fishes in California Current Region. Allen Press, 1575 pp.

Moser, H.G. e Ahlstrom, E.H. (1970). Desenvolvimento de peixes-lanterna (família: Myctophidae) na corrente da Califórnia. Parte I. Espécies com larvas de olhos estreitos. Bull Los. AngelosCty. Mus., 7:145.

Mumby, P.J.; Edwards A.J.; Arias-Gonzalez J.E.; Lindeman K.C.; Blackwell P. G.; Gall, A. e Gorczynska, M. I. et al. (2004). Os mangais aumentam a biomassa das comunidades de peixes dos recifes de coral nas Caraíbas. Nature, 427: 533-536.

Nagelkerken, I.; Grol, M.G.G. e Mumby, P. J. (2012). Efeitos das reservas marinhas versus disponibilidade de habitat de berçário na estrutura das comunidades de peixes de recife. PLoS ONE, 7, 36906.

Nanninga, G.B. (2013). Fusão de abordagens para explorar a conetividade no Anemonefish, Amphiprionbicinctus, ao longo da costa saudita do Mar Vermelho. Tese de doutoramento. Universidade de Ciência e Tecnologia Rei Abdullah de Thuwal, 186 pp.

Nellen, W. (1973). Tipos e abundância de larvas de peixe no Mar Arábico e no Golfo Pérsico In: B. Zeitzschel. Ed. The biology of the Indian Ocean. Nova Iorque. 523 pp. Verlag., 415-430.

Nonaka, R.H.; Matsuuru, Y. e Suzuki, K. (2000). Variação sazonal das assembléias de peixes larvais em relação às condições oceanográficas na região do Banco de Abrolhos, no leste do Brasil. Boletim de Pesca, 98: 767-784.

Ogden, J.C. e Gladfelter, E.H. (1983). Coral reefs, seagrass beds and mangroves: their interaction in the coastal zones of the Caribbean. UNESCO Rep. Mar. Sci., 23: 1130.

Olsen, D.B.; Hittchcock, G.L.; Mariano, A.J.; Ashjian, C.J.; Peng, G.; Nero, R.W. e Podesta, G.P. (1994). Life on the edge: marine life and fronts. Oceanografia, 7: 52-60.

Osman, Y. A. 2014. Dinâmica populacional e avaliação do stock das espécies mais importantes da família scaridae (papagaio) em Hurghada, mar vermelho. MSc. Tese de Mestrado. Departamento de Ciências Marinhas, Faculdade de Ciências, Universidade de Port Said. 1-113

Palomera, I. e Pertierra, J.P. (1993). Estimativa da biomassa de biqueirão pelo método da produção diária de ovos em 1990 no Mar Mediterrâneo Ocidental. Scientia Marina, 57(2-3): 243-251.

Paris, C., Cowen, R., Claro, R. e Lindeman, K. (2005). Vias de transporte de larvas das agregações de desova do pargo cubano (Lutjanidae) com base em modelação biofísica. Marine Ecology Progress Series, 296: 93-106.

Paris, C.B. e Cowen, R.K. (2004).Provas directas de um mecanismo biofísico de retenção de larvas de peixes dos recifes de coral. Limnology and Oceanography, 49: 1964-1979.

Parrish, J.D. (1989).Comunidades de peixes de habitats de águas pouco profundas em interação em regiões oceânicas tropicais. Marine Ecology Progress Series, 58: 143-160.

Pattira L.; Chirat, N.; Paitoon, P.; Jalilur, R.; Aung, U.H. e Aung, U.W. (2012). Composição, Abundância e Distribuição de Larvas de Peixe na Baía de Bengala.A Gestão da Pesca Baseada no Ecossistema na Baía de Bengala.

Potthoff, F. (1984). Técnicas de limpeza e coloração. 35-37. In: H.G. Moser; w. J. Richards; D. M. Cohen; M. P. Fahay; D. W. Kendall, Jr.; S. L. Richardson, eds. Ontogeny and systmaticsof fishes. Sociedade Americana de Ictiologistas e Herpetologistas. Publicação Especial 1.

Powles, H. e Markle, D.F. (1984). Identification of larvae, pp. 31-33. InH.G. Moser, W.J. Richards, D.M. Cohen, M.P. Fahay, A.W. Kendall, Jr. & S.L. Richardson (eds.). Ontogenia e sistemática dos peixes. Amer. Soc. Ichthy. Herpet., Florida.

Putman, N.F.; Lohmann, K.J.; Putman, E.M.; Quinn, T.P.; Klimley, A.P. e Noakes, D.L.G. (2013). Evidência de impressão geomagnética como um mecanismo de homing no salmão do Pacífico. Current Biology, 23:312-316.

Raitsos, D.E,; Pradhan, Y.; Brewin, R.J.W.; Stenchikov, G. e Hoteit, I. (2013). Sensoriamento remoto da sucessão sazonal de fitoplâncton do Mar Vermelho.PLoS ONE, 8, e64909.

Raitsos, D.E.; Hoteit, I. e Prihartato P.K. et al. (2011).Abrupt warming of the Red Sea. Geophysical Research Letters, 38Paris, C., Chérubin, L. e Cowen, R. (2007). Surfing, spinning, or diving from reef to reef: effects on population connectivity. Marine Ecology Progress Series, 347: 285-300.

Ramos, S.; Cowen, R.K.; Ré, P. e Bordalo, A.A. (2006). Distribuição temporal e espacial das assembleias de larvas de peixes no estuário do Lima (Portugal). Estuarine, Coastal and Shelf Science, 66: 303-313.

Reay, P.J. (1984). Tácticas de reprodução: A Non-event in Aquaculture. Fish Reproduction Strategies and Tactics. Academic Pres., Londres: 291-310.

Richards, W.J.; McGowan, M.F.; Leming, T.; Lamkin, J.T. e Kelley, S. (1993). Conjunto de peixes larvares no limite da corrente de laço no Golfo do México. Boletim de Ciências Marinhas, 53: 475-537.

Richardson, S.L. (1980). Larval fish terminology. American Fish Society of Early Life History Section Newsletter, 1 (3): 11-12.

Robertson, D.R. (1990). Differences in seasonality of spawning and recruitment of small neotropical reef fishes. Journal of Experimental Biology and Ecology, 144: 49-62.

Robertson, D.R.; Green, D.G. e Victor, B.C. (1988). Acoplamento temporal da produção e recrutamento de larvas de um peixe de recife das Caraíbas. Ecology, 69: 370-381.

Robertson, D.R.; Green, D.G. e Victor, B.C. (1988). Acoplamento temporal da produção e recrutamento de larvas de um peixe de recife das Caraíbas. Ecology, 69: 370-381.

Rosenberg, A.A. (1982). Growth of juvenile English sole, Parphrysvetulus in estuaries and open coastal nursery areas. Fish Bull. U.S., 80: 245-252.

Russell, B.C.; Anderson, G.R.V. e Talbot, F.H. (1977). Seasonality and recruitment of coral reef fishes (Sazonalidade e recrutamento de peixes de recife de coral). Australian Journal of Marine and Freshwater Research, 28: 521-528.

Russell, F.S. (1976). The eggs and planktonic stages of British marine fishes.Academic Press.524 pp.

Rutherford, E.S. (2002). Gestão das pescas. In: Fuiman, L.A., Werner, R.G. (Eds.), Fishery Science. The Unique Contributions of Early Life Stages.Fishery Blackwell Publishing.pp.206-221.

Sabates, A.; Olivar, M.P.; Salat, J.; Palomera, I.; Alemany, F. (2007).Processos físicos e biológicos que controlam a distribuição de larvas de peixes no Mediterrâneo NW. Progress in Oceanography, 74: 355-376.

Sadovy, Y. (2005). Trouble on the reef: the imperative for managing vulnerable and valuable fisheries. Fish and Fisheries, 6(3): 167-185.

Sadovy, Y.J. (1996).Reproduction of Reef Fisheries Species.In Reef Fisheries (Eds, Polunin, N. V. C. and Roberts, C. M.)Chapnab and Hall, London, pp. 15-59.

Sale, P.F. (1980). The ecology of fishes on coral reefs. Oceanografia e Biologia Marinha, 18: 367-421.

Sale, P.F. (2002). Coral reef fishes: dynamics and Diversity in a complex ecosystem (Peixes dos recifes de coral: dinâmica e diversidade num ecossistema complexo). Academic Press, San Diego.

Schmitt, R.J. e Holbrook, S. J. (2002). Variação espacial no assentamento simultâneo de três donzelas: relações com o fluxo de corrente de campo próximo. Oecologia, 131: 391-401.

Shanks, A.L. e Eckert, G.L. (2005). Persistência populacional de peixes e crustáceos bentónicos da Corrente da Califórnia: um paradoxo da deriva marinha. Ecol. Monogr., 505-524.

Shima, J.S. (2001). Recrutamento de um peixe de recife de coral: Papéis de assentamento, habitat e perdas pós-assentamento. Ecology, 82(8): 2190-2199.

Simpson, S.D.; Yan, H.Y., Wittenrich, M.L. e Meekan, M.G. (2005). Resposta de peixes embrionários de recifes de coral (Pomacentridae: Amphiprion spp.) ao ruído. Marine Ecology

Progress Series, 287: 201-208

Smith, C.L.; Tyler, J.C. e Stillman, L. (1987). Ictioplâncton costeiro: A distinctive assemblage? Boletim de Ciências Marinhas, 41(2): 432-440.

Smith, P.E. and Richardson, S.L. (1977).Standard techniques of pelagic eggs and larvae surveys.FAO Fish. Tech. Pap., (175):1-100.

Somerton, D.A. e Kobayashi, D.R. (1989). Um método de correção das capturas de larvas de peixes para a seleção do tamanho das redes de plâncton. Boletim das Pescas, 87: 447-455.

Spaet, J.L.Y.; Thorrold, S.R. e Berumen, M.L. (2012). Uma revisão da pesquisa de elasmobrânquios no Mar Vermelho. Journal of Fish Biology, 80: 952-965.

Sponaugle, S.; Cowen, R.K.; Shanks, A.; Morgan, S.G.; Leis, J.M.; Pineda, J.S.; Boehlert, G.W.; Kingsford, M. J.; Lindeman, K.C.; Grimes, C. e Munro, J.L. (2002).Predicting self-recruitment in marine populations: Biophysical correlates and mechanisms. Boletim de Ciências Marinhas, 70: 341-375.

Steinberg, P.D. e de Nys, R. (2002).Mediação química da colonização de superfícies de algas marinhas. J. Phycol, 38:621-629.

Stobutzki, I.C. e Bellwood, D.R. (1997).Capacidades de natação sustentada das fases pelágicas tardias dos peixes dos recifes de coral. Marine Ecology Progress Series, 149: 35-41.

Stobutzki, I.C. and Bellwood, D.R. (1998).Noturnal orientation to reefs by late pelagic stage coral reef fishes. Coral Reefs, 17: 103-110.

Suthers, M. and Frank, K.T. (1991).Comparative persistence of marine fish larvae from pelagic versus demersaleggs off south-western Nova Scotia, Canada. Biologia Marinha, 108: 175-184

Synder, D.E. (1976).Terminologias para intervalos de desenvolvimento de larvas de peixes. In: Boreman, J.(ed.), Great Lakes fish eggs and larvae identification. Actas de um seminário, National Power Team, Ann Arbor, 41-58.

Thresher, R.E. (1984).Reproduction of reef fishes.TFH Publications. 399pp.

Toby D.A. e Richard, D.B. (2013). Uma visão geral da pesquisa de ictioplâncton na região da corrente do norte da Califórnia: Contribuições para avaliações e gestão de ecossistemas, CalCOFI Rep., 54.

Treml, E.; Halpin, P.; Urban, D. e Pratson, L. (2008). Modelação da conetividade das populações pelas correntes oceânicas, uma abordagem teórica dos grafos para a conservação marinha. Landscape Ecology, 23: 19-36.

Tucker, J. W. (1998). Piscicultura marinha. Kluer Academic Publications, Boston.

Vermeij, M. J. A.; Marhaver, K. L.; Huijbers, C.M.; Nagelkerken, I. e Simpson, S.D. (2010). As larvas de coral movem-se em direção aos sons do recife. PLoS ONE, 5, e10660.

Victor, B. (1986). Assentamento larvar e mortalidade juvenil numa população de peixes de recife de coral com recrutamento limitado. Ecol. Monogr., 56: 145-160.

Vikebo, F.; Jorgensen, C.; Kristiansen, T. e Fiksen, 0. (2007). Deriva, crescimento e sobrevivência de larvas de bacalhau do nordeste do Ártico com regras de comportamento simples. Marine Ecology Progress Series, 347: 207-219.

Watson, W. and Leis, J.M. (1974).Ictioplâncton de Kaneohe Bay, Hawaii: um estudo de um ano de ovos e larvas de peixe. Relatório técnico do programa Sea Grant da Universidade do Havai, 75(01): 178 pp.

Watson, W.; Charter, R.L.; Moser, H.G.; Ambrose, D.A.; Charter, S.A.; Sandknop E.M.; Robertson, L.L. e Lynn E.A. (2002). Distribuição de ovos e larvas de peixes planctónicos ao largo de duas reservas ecológicas estatais na vizinhança do canal de Santa Barbara e de duas ilhas próximas no Santuário Marinho Nacional das Ilhas do Canal, Califórnia. Calcofi. Rep., 43: 141-154.

Wellington, G. M. e Victor, B.C. (1989).Duração das larvas planctónicas de 100 espécies de donzelas do Pacífico e do Atlântico (Pomacentridae). Marine Biology, 101: 557-567.

Wilson, D.T. e Meekan, M.G. (2002). Vantagens relacionadas com o crescimento para a sobrevivência até ao ponto de reposição no peixe de recife de coral *Stegastes partitus* (Pomacentridae). Marine Ecology Progress Series, 231: 247-260.

Zar, J.H. 1998. Biostatistical analysis. 4ª ed., Prentice Hall, Nova Jersey, 929 pp.

Printed by Books on Demand GmbH, Norderstedt / Germany